Inhalt

Vorwort

Inseln aus Träumen geboren

Die Bergwelt verzaubert. Jeder Besucher spürt das Rufen, doch jeder vernimmt es anders und findet sein eigenes Ziel. Der eine sucht die Herausforderung des Gipfelerlebnisses, andere die schwierige Kletterroute, eine lange Bergwanderung oder ganz einfach das Erlebnis der Natur in ihrer reinsten Form. Letzteres hat uns in den vergangenen Jahren mehr und mehr fasziniert und nicht mehr losgelassen.

Der Rhythmus beim Gehen, das unwillkürliche Stehen und Staunen, ein leichter Wind, ein süßer, flüchtiger Duft. Das Farbenspiel von Blumen und Blüten scheint der Palette eines romantischen, fantasievollen Malers entsprungen. Als Rahmen das glitzernde Gestein der Dolomiten in immer neuen Farbschattierungen. Dazu das Azur des Himmels, feenzarte Schleier der morgendlichen Wolken, das gleißende Weiß von frischem Schnee auf den Gipfeln. Der regelmäßige und zugleich bizarre Formenschatz entführt in Welten voll Poesie. Der Kopf wird frei, die Natur umhüllt uns sanft, die zarten Saiten der Seele schwingen leise in den Prachtgärten – Inseln aus Träumen geboren.

Vor einigen Jahren las ich zum ersten Mal von den Gärten Gottes, wie die hervorragende Kennerin der Flora Südtirols, Paula Kohlhaupt, die Mähder nennt (Sellajoch, Grödner Joch, Armentara-Wiesen, Weiden der Lüsener Berge, Ciclesalm, Plätzwiese). Sofort war meine Neugier geweckt. Ersten Gedankenreisen folgten unzählige erfüllende Ausflüge in die Dolomiten und ihre tatsächlich paradiesischen Gefilde.

Als dann unser erstes Buch über die schönsten Blütenwanderungen erschien, war die logische Konsequenz, auch unsere persönlichen Schmuckstücke im südlichen Tirol zu präsentieren. Die Auswahl fiel nicht immer leicht, fast überwältigend ist das Angebot.

Der Leitgedanke ist, Blumen und Blüten von außergewöhnlicher Schönheit darzustellen, manche selten und gar nicht so leicht zu finden, dann wieder in überreichen Vorkommen, eingebettet in pittoreske Landschaften. Diese sind zumeist leicht zugänglich, halten aber den Zauber eines Garten Eden und verströmen ihn zu jeder Jahreszeit. Es ist kein Wunder, wenn eines unserer Blumenziele auch zu einem anderen Zeitpunkt als im Blühkalender vorgeschlagen durch bezaubernde Flora belohnt.

Welch bessere Bühne für die Naturschauspiele kann es geben als die Natur- und Nationalparke, die Dolomiten? Hier geben Krokusse, Küchenschellen, Schwefelanemonen und die zarten Soldanellen den Auftakt im Frühjahr. Massenhaft schießen sie wie Pilze aus dem Boden, drängeln und schubsen und können ihre Zeit kaum erwarten. Bald danach verwandeln Blumen in ihren bunten Sommerkleidern die Matten in ein duftendes Blütenreich.

Bunt leuchtend präsentieren sich die goldenen Sterne der Arnika, Glocken- und Flockenblumen, die rosafarbigen Turbane des Türkenbunds, die orangeroten Trichter der Feuerlilie, die weißen der Paradieslilie und die duftenden Kohlröschen. Einige davon sind seltene, ausgefallene Schönheiten, einmal in kräftigen Farben, dann wieder pastellig, stets aber in reizvollem Kontrast zwischen strengen Linien und lieblichen Formen. Als übermütige Schar mit strahlenden Blumengesichtchen gleichen sie einem Potpourri der Lebensfreude. Die geheimnisvolle Dolomiten-Akelei, die dämonisch anmutende Schopfige Teufelskralle, die silbrig-weißen, filzigen Sterne des Edelweiß sind die kleinen Wunderwerke der heißen Jahreszeit. Wenn der erste Frost die Natur bändigt, erscheinen schließlich die Spätblüher. Die blass-lila Herbstzeitlosen stehen mit dem Charme wilder Unberührtheit, feengleich und vergänglich wirkend, im fahlen Schein der tiefen Sonne, bevor der Schnee auf die Matten fällt.

Alle haben sie eines gemeinsam: Sie berühren, verzaubern und geben die Erwartungen, die wir auf die Reise mitgenommen haben, um ein Vielfaches zurück – Augenblicke für immer.

„Wandert zu den farbenfrohen Geschöpfen auf den Matten der bleichen Berge und lasst Eure Seele von den Blumengesichtern verzaubern!"

Susanne und Rainer Altrichter,
Frühjahr 2011

Dolomiten – die bleichen Berge als Weltnaturerbe

Eigentlich sind sie ja gar nicht bleich. Beimengungen von Eisen etwa, oder auch Bitumen, gaben den südlichen Kalkalpen schon immer feine Farbnuancen von gelb, bräunlich oder rötlich, bis zu grau, bläulich und schwarz. Doch der Name hielt sich über Jahrhunderte. Bis schließlich dem französischen Gelehrten und Forscher de Dolomieu die auffällige Struktur ins Auge stach und er die chemische Zusammensetzung von Gesteinsbrocken aus der Gegend von Gossensass untersuchte. Dass sich die Gebirge südlich und nördlich des Alpenhauptkammes aus Kalkstein aufbauen, war längst bekannt und wurde auch entsprechend in Kalköfen genützt.

Gemeinsam ist allen Kalkgesteinen die Entstehung vor allem im tropischen Meer. Algen, Korallen, Kleinstlebewesen, Muscheln und Schnecken holen sich zuerst den im Wasser gelösten Kalk, um ihre Körper und Gerüste zu bauen. Beim Absterben gehen die Skelettreste ins Meer, zum Boden zurück. Zusammen mit chemisch-physikalischer Ausfällung aus dem Meerwasser können so im Laufe von Jahrmillionen kilometerdicke Gesteinspakete entstehen. Wenn nun im Meerwasser verstärkt Magnesium gelöst ist und sich dieses mit dem Kalk verbindet, entsteht Dolomit, wobei je nach Mischungsverhältnis der beiden Hauptbestandteile unterschiedliche Ausprägungen möglich sind.

Als de Dolomieus Erkenntnisse publiziert wurden, dauerte es nicht lange und der Name „Bleiche Berge" war Geschichte. Englische Reisejournalisten verwendeten den Begriff „Dolomites" zuerst, und von da an war der Siegeszug nicht aufzuhalten. Die Komponenten des Erfolges sind komplex und doch im Einzelnen gut nachzuvollziehen.

Man nehme ein Gebiet südlich des Alpenhauptkammes im Ausmaß von fast 140.000 Hektar. Dieses breitet man über fünf Provinzen im Norden Italiens, mit Schwerpunkt auf Südtirol. In einem Teil des Urmeeres werden hier Sedimente ausgefällt, Riffe aufgebaut, Meerestiere angesiedelt. Unterlegt wird das mit dicken Fundamenten aus Quarzphyllit, Porphyr und verschiedensten geologischen Schichten. Bei der Hebung anlässlich der Gebirgsbildung bleibt diese Schichtentorte dann ziemlich stabil bestehen, doch Gletscher und Bäche modellieren und zerschneiden anschließend den Gebirgskörper zu seiner jetzigen Form.

Dazu fügt man die Lage an der Schnittstelle zwischen dem raueren Norden und der Leichtigkeit des Südens, Menschen aus längst vergessenen Zeiten mit eigentümlicher Sprache, umgeben von italischen und bajuwarischen Landnehmern. Man garniert dies mit bizarren Sagen und Mythen, alten Burgen und Schlössern, grünen Matten unter stolz aufragenden Türmen und Zinnen, schüttet ein Füllhorn mit verschwenderischer Flora dazu.

Mit dem Beginn des alpinen Tourismus in Mitteleuropa in der zweiten Hälfte des 19. Jahrhunderts waren die Dolomiten sogleich eines der Zentren der Aufmerksamkeit.

Die relativ leichte Erreichbarkeit von Eisack- und Etschtal her war gegeben. Alte Verkehrswege existierten, Alpenpässe – die immerwährenden Verbinder von Talschaften – wurden kunstvoll aufgebaut.

Die Nutzung und Kultivierung der Dolomiten und ihrer Täler erfolgt zumeist schonend und nachhaltig. Davon kann sich der geneigte Besucher immer wieder überzeugen. Um die schroffen Gebirge der Dolomiten in ihrer einmaligen Schönheit auch für spätere Generationen zu erhalten, wurden sie 2009 in die Weltnaturerbe-Liste der UNESCO aufgenommen. Die Auszeichnung ist ehrenvoll, aber verdient, und zugleich eine vornehme Verpflichtung.

Tipps für eine gelungene Wanderung

Unser Konzept beruht auf dem Jahresgang von Blütenereignissen. Dieser kann von einem Jahr zum anderen stark variieren, und auch der sich abzeichnende Klimawandel beeinflusst die phänologischen Zeitpunkte ganz beträchtlich. So ist seit mehreren Jahrzehnten eine Verschiebung der ersten Blüte um bis zu drei Wochen beobachtet worden; andrerseits kann aber auch eine geschlossene Schneedecke die Vegetation durchaus anhalten, die dann allerdings bei warmem Frühjahrsregen und kräftiger Erwärmung schlagartig in Wachstum und Blüte übergeht.

So kann das Gelände durchaus in manchen Jahren zur Zeit der Blüte der Frühlings-Küchenschelle in den oberen Wegregionen wegen der Schneemengen unbegehbar sein, andrerseits kann das Zeitfenster für Schneeglöckchen wochenlang offen sein.

Es empfiehlt sich also, beim jeweiligen Fremdenverkehrsverband Auskünfte einzuholen.

Die Wettervorhersage in die Planung einzubauen, ist wohl selbstverständlich. Verlässliche Prognosen bieten vor allem die Internetseiten des Hydrographischen Amtes mit dem offiziellen Wetterbericht der Landeswetterzentrale von Südtirol unter www.provinz.bz.it/wetter/suedtirol.htm, beziehungsweise der telefonische Wetterbericht unter 0039 0471 271177 oder 0039 0471 270555 sowie der Wetterbericht der Gemeinden und Verbände.

Zu bedenken ist ferner die beste Tageszeit, da so manche Blüte zur vollen Entfaltung auf die wärmenden Sonnenstrahlen wartet, oder auch die Bewölkung, welche Blüten zum Schließen bringt.

Ein weiterer Gedanke sollte der Länge und Schwierigkeit der Wanderung gelten. In den Wanderbeschreibungen sind reine Gehzeiten angegeben, Aufenthalte zum Stehen und Staunen, für Fotos, Jause und Einkehr sind individuell doch sehr unterschiedlich und daher nicht berücksichtigt. Der Schwierigkeitsgrad reicht von einem zwanglosen Spaziergang über durchschnittliche Bergwanderungen bis zu ganztägigen Touren im Hochgebirge. In den Wanderbeschreibungen charakterisiert die Anzahl der Blumensymbole von eins bis vier den Schwierigkeitsgrad der Wanderung.

Die Wegbeschreibungen unserer Wanderungen sind durch Kartenausschnitte ergänzt. Wer großräumiger informiert sein möchte, ist mit den Wanderkarten von Freytag und Berndt ebenso wie Kompass und Tabacco gut beraten.

Vor allem die ganztägigen Touren im Hochgebirge brauchen eine gewissenhafte Planung, Vorbereitung und realistische Einschätzung des eigenen Leistungsvermögens.

Für Bergtouren ist ein hoher Bergschuh mit griffiger Profilsohle unbedingt nötig, bei den Talwanderungen reicht ein fester Laufschuh oder besser ein leichter Trekkingschuh durchaus. Wanderstöcke entlasten auf steilen Strecken die Hüft- und Kniegelenke und geben zusätzlich Sicherheit. Wenn wir die Hände zum Fotografieren frei haben wollen, sind die Teleskopstöcke rasch im Rucksack verstaut. Ein Sonnenschutz ist auf allen Wanderungen sehr empfehlenswert.

In der kühlen Jahreszeit und vor allem im Hochgebirge dürfen Regenschutz und warme Bekleidung nicht fehlen, Handschuhe und Mütze schätzt man erst so richtig, wenn man sie braucht.

Für den Fall der Fälle ist heutzutage das Handy nicht wegzudenken, mit den wichtigsten Notrufnummern gleich eingespeichert, also: 112 Europäischer Notruf beziehungsweise Carabinieri, 118 Erste Hilfe/Bergrettung. Erste-Hilfe-Pakete sollen im Rucksack nie fehlen, besonders hilfreich hat sich in Notfällen schon oft die wärmende Alufolie erwiesen. Das alpine Notsignal mit sechs Zeichen, die alle zehn Sekunden über eine Minute hinweg gegeben werden, gefolgt von einer einminütigen Pause, und dann wieder von vorne, mag man sich ruhig wieder einmal durch den Kopf gehen lassen. Als Antwort erfolgt jeweils im Abstand von 20 Sekunden ein Zeichen über eine Minute hinweg.

Da sich die Temperatur normalerweise mit dem Anstieg stetig verringert, und zwar um etwa ein halbes bis ein Grad pro 100 Höhenmeter, ahnen wir oft schon beim Aufstieg, dass die Luft in der Höhe rauer wird. An den typischen Wandertagen im Frühjahr und Herbst gibt es allerdings häufig eine sogenannte Inversionslage, das heißt, im Tal liegt kalte, also schwere Luft und in der Höhe am sonnigen Südhang liegt dann über dem Kaltluftsee eine warme Luftschicht.

Doch allzu oft bringt der Tagesverlauf im Hochgebirge im Sommer, also zur Zeit der Bergblüte, Wärmegewitter mit einem plötzlichen Wetterumschwung. Nebel bildet sich, Wolken ballen sich zusammen, ein kalter, bissiger Wind kommt auf, wir fühlen uns mit einem Schlag in eine andere Welt versetzt. Wie gut, dass wir gut ausgerüstet und vorausschauend aufgebrochen sind.

Bei Zielen, die man außerhalb der Saison anstrebt, kann es nicht schaden, sich zu vergewissern, ob die Schutzhütten geöffnet sind. Abhalten lassen wir uns nicht; eine gute Jause aus dem Rucksack, eine Thermosflasche mit heißem Tee, ein windgeschütztes, warmes Plätzchen, dazu eine schöne Aussicht, was will man mehr?

Dass wir das mitgebrachte Verpackungsmaterial selbst zuhause entsorgen, ist ebenso selbstverständlich wie überhaupt der sorgsame Umgang mit der Natur.

Auf unserem Foto und in der Erinnerung blüht jede Blume noch lange, nachdem uns ihr Anblick erfreut hat. In der Natur folgt sie dem Lauf, der vorgegeben ist, doch in der Hand verwelkt sie im Nu.

Schwierigkeitsgrade der Wanderung

Die Schwierigkeit der Wanderung wird durch die Anzahl der Blumen symbolisiert.

❀ Charakter eines Spazierweges

❀ ❀ Mittellange Wanderung (3–4 Stunden), keine wesentlichen Schwierigkeiten, Sportschuhe mit Profil

❀ ❀ ❀ Längere Wanderung (bis zu 6 Stunden), Bergerfahrung und Trittsicherheit werden vorausgesetzt, Bergschuhe mit Profilsohle erforderlich

❀ ❀ ❀ ❀ Lange, anspruchsvolle Wanderung (bis 9 Stunden), gute Bergerfahrung, Trittsicherheit und Schwindelfreiheit erforderlich, Bergschuhe mit Profilsohle

Ausrüstung und Kondition sollten den Kriterien der jeweiligen Wanderung entsprechen. Eventuelle Risiken sind zu bedenken (siehe Tipps für eine gelungene Wanderung)

Eine Übersichtskarte der folgenden Blütenwanderungen finden Sie am Ende des Buches (siehe Seite 223)!

Blühzeittabelle

Grüner Punkt: Wie bei einer Ampel symbolisiert der grüne Punkt „go" – Blumen stehen in Vollblüte – als besten Zeitpunkt für UNSERE Wanderung.

Oranger Punkt: Beginn der Blüte beziehungsweise nur mehr wenige Blumen zu finden. Schlägt das Wetter Kapriolen, oder befinden wir uns auf extrem sonnenausgesetzten oder schattigen Nordhängen, kann jedoch auch zu dieser Zeit ein Blütenbesuch optimal sein. Ein kurzer Telefonanruf beim zuständigen Tourismusamt vor der Tour ist ratsam.

1.) Almrose – rostblättrige
2.) Alpenazalee
3.) Arnika
4.) Blauer Eisenhut
5.) Blauer Mänderle
6.) Dolomiten-Akelei
7.) Dolomiten-Fingerkraut
8.) Dolomiten-Teufelskralle
9.) Edelweiß
10.) Frühlings-Enzian
11.) Frühlings-Knotenblume
12.) Frühlings-Küchenschelle
13.) Feuerlilie
14.) Frauenschuh
15.) Gletscher-Hahnenfuß
16.) Herbstzeitlose
17.) Kohlröschen
18.) Krokus
19.) Maiglöckchen
20.) Mistel (Beeren)
21.) Orchideen
22.) Paradieslilie
23.) Pyrenäen-Drachenmaul
24.) Rätischer Alpenmohn
25.) Schlafmohn
26.) Scheuchzer Wollgras
27.) Schopfige Teufelskralle
28.) Schwalbenwurz-Enzian
29.) Schwefelanemone
30.) Silberdistel
31.) Soldanelle
32.) Türkenbund
33.) Trollblume
34.) Zwerg-Alpenrose

Blühzeittabelle

	JAN	FEB	MÄRZ	APR	MAI	JUNI	JULI	AUG	SEPT	OKT	NOV	DEZ
1 Almrose						●	●	●				
2 Alpen-Azalee						●	●	●				
3 Arnika						●	●	●				
4 Blauer Eisenhut							●	●	●			
5 Blauer Mänderle							●	●				
6 Dolomiten-Akelei							●	●	●			
7 Dolomiten-Fingerkraut							●	●	●			
8 Dolomiten-Teufelskralle							●	●	●			
9 Edelweiß							●	●				
10 Frühlings-Enzian				●	●	●						
11 Frühlings-Knotenbl.			●	●								
12 Frühlings-Küchenschelle				●	●	●						
13 Feuerlilie							●					
14 Frauenschuh					●	●						
15 Gletschenhahnenfuß							●	●	●			
16 Herbstzeitlose								●	●	●		
17 Kohlröschen				●	●	●						
18 Krokus				●	●							
19 Maiglöckchen						●						
20 Mistel (Beere)	●	●									●	●
21 Orchidee						●	●					
22 Paradieslilie						●	●					
23 Pyrenäen-Drachenmaul					●	●	●					
24 Rätischer Alpenmohn							●	●				
25 Schlafmohn							●					
26 Scheuchzer Wollgras							●	●				
27 Schopfige Teufeskralle							●	●				
28 Schwalbenwurzenzian						●	●	●	●			
29 Schwefelanemone					●	●						
30 Silberdistel								●	●	●		
31 Soldanelle					●	●						
32 Türkenbund					●	●	●					
33 Trollblume						●	●					
34 Zwerg-Alpenrose					●	●						

Tausende Röckchen tanzen

1

Frühlings-Knotenblume

Leucojum vernum
Familie: Narzissengewächse
(Amaryllidaceae)

Die Frühlings-Knotenblume ist 10 bis 30 Zentimeter hoch, hat tiefgrüne, bandförmige Blätter, ist giftig und nicht zu verwechseln mit dem Schneeglöckerl, das in den Gärten meist um die gleiche Zeit vorkommt. Die Blüte ist nickend in Form einer 15 bis 20 Millimeter großen einzelnen Glocke, manchmal auch zwei, mit sechs weißen Blütenblättern, an den Spitzen ein weiß-grüner Farbtupf. Die Blütezeit ist Februar bis April, und der bevorzugte Standort der Pflanze sind feuchte Laubwälder, Auen und Gebüsche, doch nur auf kalkigen Böden.

Frühlings-Knotenblume

Als einer der ersten Frühblüher meldet sich die **Frühlings-Knotenblume** frisch und munter nach einem tiefen Schlaf unter der Erde, gut versorgt durch die Zwiebel als Vorratskammer. Wer unter Laubmischwald blühen will, muss das schnell erledigen, bevor das Blätterdach der Bäume zu viel Schatten gibt. Zuerst erscheinen die Blätter, eng aneinander gelegt durchstoßen sie die harte Erde und dünne Schneedecke. Friert sie in der Eiseskälte? Nein, mittels eigenproduzierter Biowärme von acht bis zehn Grad taut sie den Schnee rundherum auf und sorgt so auch gleichzeitig selbst für ihre Bewässerung. Die

Blätter falten sich ein wenig auseinander und der Blütentrieb erscheint. Anfangs ist die Knospe noch in einem Hochblatt verborgen. Vorsichtig schält sie sich daraus hervor und das Glöckchen öffnet sich. Ein weiß-goldenes Blumenmeer entsteht, das um die Wette leuchtet.

Um einen Hahnenschrei wird der Tag seit Maria Lichtmess länger – jeder atmet auf, denn die dunkelste Zeit ist nun durchtaucht.

Jetzt, Anfang März, hat das Warten auf die langen Tage mit viel Sonnenschein und Wärme ein Ende. Der Frühling liegt in der Luft. Die Singvögel wecken uns wieder mit ihrem Morgenlied, ein laues Lüftchen weht und lockt ins Freie. Tag für Tag gibt es Neues zu entdecken. Der erste warme Regen macht die Täler grün und lässt den Waldboden weiß aufleuchten. Zart und ebenmäßig, fast wie Porzellan, geben Schneerosen und -glöckerl den Auftakt und verwandeln den Frühling in einen stillen Farbenrausch. Zwischen verdorrtem Astwerk und Moos mogeln sich die ersten Frühblüher durchs Gewirr, und ihre Farbpalette reicht von schlichtem Weiß über fröhliche Rosatöne bis hin zu sanftem Blau, sattem Lila und knalligem Gelb. Keck wie Spatzen und duftend wie der ewige Frühling berühren die zarten Blumenkinder in den frischen Farben unsere Herzen. Das erste Leberblümchen zu finden, mit diesen blauen Augen und dem unvergleichlichem Frühlingsduft, ist für mich jedes Jahr aufs Neue wie ein Wunder und ich freue mich, dass die Blühsaison nun wieder eröffnet ist – ge-

hören doch Blumen zum Feinsten und Fragilsten, was die Natur zu bieten hat.

Weingärten und Obstwald

Was wäre Südtirol ohne seine traditionellen Gasthäuser mit ihren Stammtischen, an denen schon am Vormittag so manches Gläschen vom Roten genossen wird. Dass es sich dabei meist um das vergorene Endprodukt einer Vernatsch-Traube handelt, wird von Weinkennern manchmal gering geschätzt. Doch das sind eben die lichtroten, angenehm blumigen, leichten Tischweine, die über Jahrhunderte Gegenden wie das Überetsch prägten und zum Wohlstand der Landbevölkerung beitrugen.

Der Uferbereich des Montiggler Sees

Leberblümchen

Schon römische Kaiser schätzten den nördlichen Wein, in Holzfässern gereift und verliefert, oft höher ein als den schweren, dunklen Wein des Südens in seinen Amphoren.

Das Klima südlich des Alpenhauptkammes begünstigt den Weinanbau ebenso wie die Mischung von Granit und Porphyr mit den verbreiteten Kalkböden. Vor allem fromme Klosterbrüder verwendeten in späteren Jahrhunderten all ihre Kunst auf die Verbesserung der Anbau-, Gärungs- und Lagerungsmethoden. Die Auflösung von Klöstern im Josefinischen Zeitalter legte Weingüter in die Hände früherer Pächter, welche nun ihre „Güteln" im Familienbesitz weiter bewirtschafteten.

Die Arbeit im Weingarten ist intensiv, auch wenn sich Anbaumethoden schon stark geändert haben. Immer seltener werden die romantischen Pergeln, oder Dachlauben, deren dachartiges Gerüst die Reben trägt. An warmen Herbsttagen ist es eine wahre Lust, darunter zu wandeln, und die dunkelblauen Trauben hängen wie im Schlaraffenland über den Köpfen. Die beste Qualität kommt nach Meran und wird als Kurtraube hoch geschätzt.

Dass neben traditionellen, unkomplizierten Vernatsch-Trauben vermehrt qualitativ hochwertige Reben angebaut werden, freut den Weinfreund, dem nach dichten, gehaltvollen, gut ausgebauten, komplexen Genüssen der Sinn steht. Und es mag durchaus den angenehmen Nebeneffekt haben, dass Flächen, die über viele Generationen für den Weinanbau geschaffen wurden, nicht Teil des kräftig wachsenden Obstwaldes werden, wenngleich auch dieser seinen eigenen Reiz hat. Zur Zeit der Obstblüte durch die leuchtenden Blütenwolken zu wandern, ist im Etschtal ein ebenso großes Erlebnis wie die goldgelb-rote Früchtepracht im Herbst. Der Landwirt mit seinem blauen Schurz gehört dazu, ob er nun Äpfel erntet, den Wein liest, oder ganz einfach im Dorfwirtshaus sein Glas vom Roten vor sich stehen hat.

Im Frühlingstal

Anfahrt auf der Brennerautobahn A22 bis Auer, Ausfahrt Kaltern, durch Obstgärten auf der Weinstraße vorbei am See, kurz vor dem Ort rechts abbiegen, Beschilderung Camping Klughammer, in der Nähe Parkmöglichkeit.

Eine Wanderung im Frühlingstal ist ein liebgewordenes Ritual für viele Südtiroler und es ist ansteckend, denn es lässt Träume wahr werden. Strahlender und leuchtender geht's nicht, wenn tausende und abertausende schwingende Glöckchen in schillerndem Engelsweiß mit grün blitzenden Spitzen übermütig ihren Auftritt feiern. Der Rüschenregen begleitet uns

Mäusedorn   *Feldstiefmütterchen*

auf Schritt und Tritt und ruft ein Gefühl schwereloser Leichtigkeit in uns wach. Vor allem an den Wochenenden bevölkern Einheimische das romantische Tälchen, der Fotoapparat darf dabei nicht fehlen, die Bandbreite der Ausrüstung ist erstaunlich, doch der Enthusiasmus ist berechtigt.

Wir beginnen beim Parkplatz, gehen bis zur scharfen Linkskurve zurück und halten uns vorerst auf dem Radweg Auer-Kaltern. Alsbald steht vor uns ein rostiger Schranken, das Schild sagt Frühlingstal 20. Vorbei an Weingärten, die nach den Wintermonaten gepflegt werden. Die lustigen gelb-weißen Gesichtchen der Feldstiefmütterchen lachen uns entgegen und man erreicht in kurzer Zeit den Beginn des Tales. Das Bächlein ist schmal und doch hat es sich an manchen Stellen tief eingegraben. Aber nie so tief, dass man die weiße Fülle an Schneeglöckchen aus den Augen verlieren könnte. Sie blühen hier früher als anderswo, der warme Südwind schmeichelt dem Einschnitt, den der Gletscher vorgeformt hat. Bozner Porphyr begleitet uns in kantigen Blöcken, eingestreut sind Findlinge. Blau sind das Wasser, der Himmel und die Sehnsucht.

Blau ist die Farbe der Leberblümchen, die in großen Gruppen dicht beisammen stehen und mit ihren fröhlichen Sternen von blass- bis tintenblau punkten. Da und dort, jetzt noch etwas zaghaft, lugen die ersten zitronengelben Kelche der stängellosen Primel durch das vertrocknete Laub hervor, auch die hauchzarten Buschwindröschen und Hundsveilchen, beide im luftigen Kleidchen, sind schon in Blühlaune.

Der Weg selbst ist leicht zu begehen, immer oberhalb des Rinnsals, das vom Montiggler zum Kalterer See fließt. Hin und wieder helfen Stufen beim mühelosen Anstieg, doch Vorsicht, das Geländer ist schon ein wenig morsch.

Wie ein Teppich bedeckt das fahlgelbe Laub der Edelkastanien den Boden, die dekorativ gefiederten, dunkelgrünen Blätter der winterharten Staude des Mäusedorns mit aufregend kugelrunden, rot-glänzenden Beeren sehen verlockend aus und wachsen an manchen Stellen fast undurchdringlich.

Die wassersuchenden Schwarzerlen sind oft von Efeu geradezu eingehüllt, und unter dem Schneedruck des letzten Winters sind viele umgestürzt.

Beim Heraustreten aus dem Wald stehen vor uns dichte Reihen von Obstbäumen, fast schon bizarr durch den rigorosen Schnitt, darüber das Dörfchen Montiggl. Der Fußweg mündet alsbald in einen Fahrweg und erreicht schließlich das Südufer des Montiggler Sees. Ein Holzsteg überbrückt die vom Winterschnitt stoppelige Schilfzone, im Wasser tummeln sich Teichhühner und Enten. An dieser Stelle bietet sich eine lohnende halbstündige Umrundung des Sees im Halbschatten an.

Auf der Straße geht es nun zum Dörfchen, wo gleich bei der Kirche Weg 20 wieder hinunter zum Tal der Schneeglöckchen führt. Der Rückweg erfolgt auf den bekannten Pfaden, veränderter Lichteinfall und andere Perspektive bieten neue Einblicke.

Kurzstielige Primel

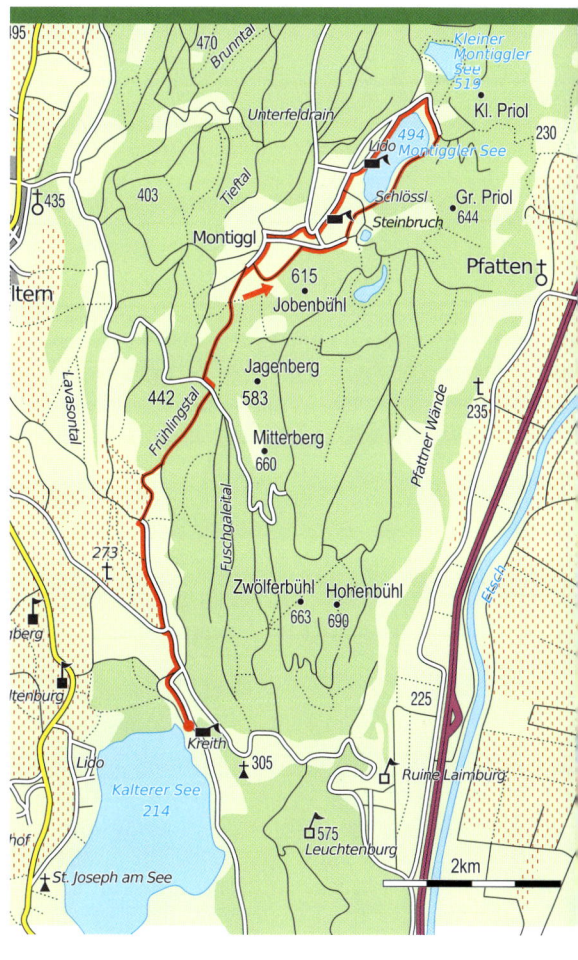

START: In Seenähe (ca. 235 m)

KURZFASSUNG: Kalterer See, Frühlingstal, Montiggler See, Montiggl und zurück

HÖCHSTE WEGSTELLE: 500 m

HÖHENUNTERSCHIED: 265 m

REINE GEHZEIT: 3 Stunden

SCHWIERIGKEIT: ✿

TOURISMUS-INFO: 0039/471/963169

TIPP: Ein Bummel durch das im Frühjahr beschauliche Dorf Kaltern

Ein Blütenschleier
– wie Zauberschnee

2

Frühlings-Krokus

Crocus albiflorus
Familie: Schwertliliengewächse
(Iridaceae)

Der Krokus wird 8 bis 15 Zentimeter hoch, wirkt überaus zart und hat sechs Blütenblätter, die weiß, violett oder gestreift sein können und sehr temperaturempfindlich sind. Schon eine größere Wolke am Himmel kann den Schließmechanismus auslösen. Drei Staubbeutel und drei Griffel leuchten orangerot, wie beim echten Safran. Die dunkelgrünen Blätter sind fest, schmal, fast grasartig, haben in der Mitte einen weißen Streifen und sind mit Bohrspitzen versehen, um leichter durch die Schneedecke stoßen zu können. Hat sich ein Blättchen einmal seinen Weg gebahnt, wird es als dunkler Fleck auf der Schneeoberfläche schnell erwärmt und schmilzt den Schnee rundherum. Der weiße Stängel ist rund, fest und von zwei Blättern umgeben. In der kleinen Knolle, dem Speicherorgan des Krokus, befinden sich Wasser und Nährstoffe. Seine Blütezeit ist gleich nach der Schneeschmelze, von der Ebene bis in Lagen von 2.700 Metern, auf humusreichen Rasengesellschaften und Lägerfluren.

Frühlings-Krokus

Tausende weiß-lila Elfenflügel wirken zart und zerbrechlich und verkünden als erste Boten den Bergfrühling. Kaum beginnt der Schnee zu schmelzen, wagen sich die ersten Kundschafter unter ihnen ans Licht, und dann dauert es nicht mehr lange, bis die Wiesen wie bestickt aussehen. Einer schubst den anderen – eine wilde Drängelei, wobei jedes einzelne Pflänzchen nur eines im Sinn hat: sich zu sonnen. Wetterkapriolen machen ihnen nicht so viel aus, bei Regen, Graupel oder sogar Schnee schließen sie ihre Kelche und warten geduldig auf die nächste Wärmeperiode, um dann unerschrocken weiter zu blühen.

Die Natur hat sie in vielen verschiedenen Arten erschaffen, und eine ist darunter, die Primadonna der **Krokusse**, die das kostbarste Gewürz der Welt liefert, den Safran. Dieser Sonderling blüht im Herbst und war früher in so manchem Hausgarten anzutreffen, weil er die Kälte gut vertragen kann. Verwendung fand er zur Aromatisierung der Hochzeitssuppe, zum Färben des Brautschleiers und in Liebesdingen. Das honigartige, zartbittere Aroma verleiht den Speisen einen unvergleichlichen Geschmack und die bekannte zartgelbe Farbe.

Die Hochblüte dieser Frühaufsteher ist leicht zu verpassen, denn ihre weiß-lila Pracht ist nur von kurzer Dauer. Doch erwischt man sie rechtzeitig, bleibt diese Elfenwiese ewig in Erinnerung und ruft jedes Frühjahr aufs Neue.

Ganz schön schaurig

Die Sarntaler Alpen, ihre Täler, der See und die Hochflächen blicken auf eine lange Zeit der Besiedlung zurück. Doch das heißt noch lange nicht, dass die Verbindung nach draußen einfach war. Viel mehr als Saum- und Fußwege gab es nicht, um den bescheidenen Warenverkehr zu bewerkstelligen. Überschüssige Produkte waren rar, höchstens ein paar Laibe Käse, ein paar Seiten Speck, Schweine- und Butterschmalz im Austausch für Werkzeug, Salz und Wein.

Das mochte in der Wärmeperiode im Hochmittelalter anders gewesen sein, denn alte Geschichten erzählen von reichen Bauern und ihren protzigen Höfen, die dort standen, wo sich heute Almen ausbreiten. Auch Knappenlöcher zeugen von frühem Bergbau und bescheidenem Wohlstand.

Dass all das verschwand, erklärte sich die einfache, ländliche Bevölkerung durch das Einwirken magischer Kräfte. Und die spürte man ohnedies an vielen Orten. Spuren vorzeitlicher Kultstätten findet man in den entlegenen Bergregionen immer wieder; wo die frühen Menschen ihre ersten Schritte setzten, blieben Heiligtümer und besondere Plätze nicht aus. Denn hart

Hirzer und Ifinger

Mühsame Säuberung der Wiesen

Praktisch war der Glaube an Hexen und Geister aber auch. Wenn Nebelfetzen über die Hochfläche fegen, sieht der abergläubische Mensch gerne Hexen, der einsame Hirte träumt von feengleichen Wesen, die Altbäuerin, verhärmt und vereinsamt trotz der Großfamilie, schreibt einen Kinderstreich nur zu gern einem Kobold, dem Nörggele, zu.

Wenn man dann die sprichwörtliche saure Milch, die ranzige Butter, ein gefallenes Stück Vieh oder ein schwerkrankes Kind nicht zu begreifen vermag, dient die Beschuldigung einer Nachbarin als Hexe nur zu gut. Die war doch oben auf dem Hohen Reisch mit den geheimnisvollen „Stoarnanen Mandln", hat wohl mit dem Teufel getanzt und wer weiß was noch getrieben. Die Behauptung ist rasch aufgestellt, der Gegenbeweis schlicht unmöglich. Missgünstige Zeugen finden sich, und die Folter bringt es an den Tag. Der Scheiterhaufen lodert hell.

Ein Treffen der Frühaufsteher
(Naturpark Sarntal in Planung)

Anfahrt auf der A22, Ausfahrt Bozen Nord, Beschilderung Sarntal, Jenesien folgen. Bozen wird durchquert, vom Ortsteil Gries beginnt die neun Kilometer lange Auffahrt.

Schon diese lässt ahnen, dass dort oben ein schönes, verstecktes Plätzchen wartet. Durch die steilen Felswände aus dem rötlichen Bozner Porphyr ziehen Serpentinen und Tunnels die neue, nichtsdestotrotz schmale Straße bis auf eine Höhe von etwa 1.000 Metern. Waren zu Beginn noch exotisch anmutende Zedern

war das Leben und rau die Natur, also wurde die Gunst von Göttern, Geistern oder einfach Naturkräften in Gebeten, Ritualen und Opfergaben beschworen. Ein solcher Ort ist wohl auch die Stelle, an der später die Jakobskirche am Langfenn errichtet wurde. Bronzezeitliche Funde deuten ebenso wie sagenumwobene Moore und Weiher auf frühgeschichtliche Besiedlung und kultische Bedeutung hin. Wie so oft überlagerte die neue Religion die alte und nahm wie selbstverständlich auch die traditionellen Orte der Kraft und Magie für sich in Anspruch.

Darin mag die Erklärung für manch schaurige Geschichte und auch für grausame Vorkommnisse liegen. Das Gedankengut aus alten Zeiten wurde mündlich überliefert, oft nur geheim weitergegeben, diente zur Erklärung dessen, was der Mensch nicht begriff, und stand allein schon dadurch im Wiederspruch zur nicht minder fantasievollen Erklärung der Welt durch die neue Ideologie.

Bald treibt die Lärche aus

und Zypressen die Blickfänge, begleiten uns mit immer größerer Höhe freie Wiesen mit leuchtend gelbem Löwenzahn und schließlich trockene Kiefernwälder.

Oberhalb der Ortschaft liegt beim Sportzentrum der große gebührenfreie Parkplatz. Hier beginnt Weg 1, auch Teil des Europäischen Fernwanderweges E5, anfangs noch auf der Straße, gesäumt von glühroten, dichten Polstern der Schneeheide (alternativ auf dem Pfad durch den Kiefernwald), ab dem Gasthof Edelweiß als geschotterter Wirtschaftsweg. Die wenigen Fahrzeuge, welche uns begegnen, gehören Bauern aus Jenesien, die mit der Frühjahrskur der Wiesen beginnen. Bei der Auffahrt beeindruckten vor allem die Forsythien, Kirsch-, Apfel-, Mandel- und Pfirsichbäume in voller Frühlingspracht. Hier oben sprießen jetzt auch Klette, Wiesenknopf, Huflattich und Beifuß am Wegrand.

Die Samenstände der Klette ragen meterhoch in den Himmel und erinnern uns daran, dass man das Haartonikum der

Wurzel bereits im November hätte ansetzen müssen – wieder einmal verpasst, denn jetzt treibt die Kraft der Wurzel bereits die ersten pelzigen Blätter.

Für das erste Grün des heilkräftigen Wiesenknopf sind wir gerade richtig. In dichten Büscheln und großer Ähnlichkeit mit der Bibernelle liefert er eine schmackhafte Beigabe zur Frühlingssuppe, aber auch klein geschnitten über den Salat oder getrocknet zum Tee. Daher sollte diese Heilpflanze auch im Kräutergartl nicht fehlen.

Doch wo bleiben die vielgepriesenen Krokusse? Zunächst nur spärlich, dann zusehends zahlreicher, ab dem „Denkmal Sauschloss" in wahren Teppichen treten sie vor den Wanderer. Mit den ersten warmen Sonnenstrahlen öffnet die muntere Schar im luftigen Blütenkleidchen ihre Kelche. Wenn diese ersten kleinen Frühlingsboten, unifarben und schnörkellos, in ihrem Wildwuchs die noch wintergrauen Wiesen in weißer Pracht erscheinen lassen, ist das Krokusfest am Salten rund um den 20. April nicht mehr weit.

Der Weg ist gut markiert, die Richtung zum Langfenn eindeutig vorgegeben. Meist begleitet uns der typische, einfache Sarntaler Zaun aus drei bis vier Längsbrettern. Und alle paar hundert Meter folgt eine Sagenstation mit Geschichten, die an Geisterglauben und Not vergangener Zeiten erinnern – stets begleitet von Skulpturen, die als neuzeitliche Interpretationen dienen. In der Luft hängt der süßlich-herbe Duft von verrottendem Mist, die Bauern reinigen die Wiesen vom Astwerk, das der Schnee von den Lärchen gebrochen hat, so mancher hat schon mit der Düngung begonnen.

Die Lärchenwiesen haben eine lange Tradition, gemischter Wald von Lärche und Fichte lag hier zugrunde. Durch die einzeln stehenden Lärchen bekommen die Wiesen ausreichend Licht, die im Winter abgeworfenen Nadeln sind ein natürlicher Dünger. Von der jahrhundertelang betriebenen Mahd und Heubevorratung für die harten Wintermonate zeugen die zahlreichen, verstreut stehenden kleinen Stadel.

Durch die noch kahlen Lärchen schimmert Schnee, sei es vom Ifinger, dem Ortler, dem Rosengarten, Langkofel oder Latemar. Mühelos gleitet der Fahrweg über die buckligen Hügel und Höcker, vorbei an den Matten, hie und da noch einem Schneehaufen, seichten Pfützen.

An der höchsten Wegstelle liegt noch Schnee. Kein Wunder, die hier am Rabenbühel dicht stehenden Fichten beschatten kräftig, ohne direkte Sonneneinstrahlung ist es noch frostig.

Die Staunässe macht den Weg etwas lettig, doch nach wenigen Minuten weicht der Wald zurück, lichte Wiesen liegen vor uns. Nach rechts geht es zum Parkplatz von Scheermoos, wir halten uns links, weiter an den bekannten Zäunen, eine sanfte Kuppe ist zu überwinden, dann liegt der Hof Langfenn mit der einfachen und doch anmutigen St. Jakobskirche vor uns.

Wer noch genügend Energie aufbringt, dem sei der Weiterweg zum Möltener Joch empfohlen, um in ein weiteres Meer von Krokussen einzutauchen. Ansonsten der Rückweg auf der gleichen Route, eventuell unter Einbeziehung eines Umweges über den Gschnofner Stall oder das Tschaufenhaus.

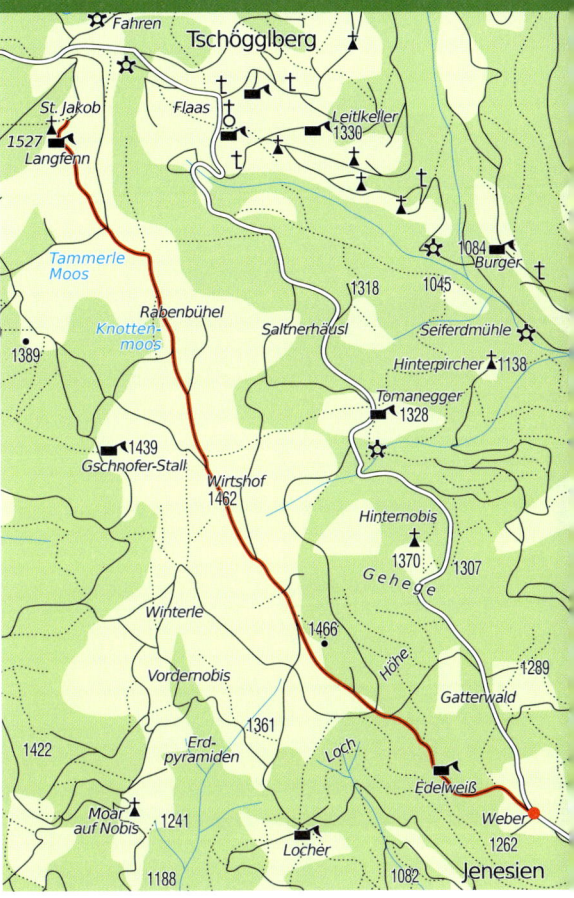

START: Parkplatz beim Sportzentrum (1.150 m)

KURZFASSUNG: Parkplatz, Edelweiß, Rabenbühel, Langfenn und zurück

HÖCHSTE WEGSTELLE: Rabenbühel (1.500 m)

HÖHENUNTERSCHIED: 350 m

REINE GEHZEIT: 3 Stunden

SCHWIERIGKEIT: ❀

TOURISMUS-INFO: 0039/471/354196

TIPP: Lärchenwiesen im goldenen Herbst Ötzi-Museum in Bozen

Auftritt der Eisprinzessinnen

3

Alpen-Soldanelle

Alpenglöckchen, Eisglöckchen, Troddelblume
Soldanella alpina L.
Familie: Primelgewächse
(Primulaceae)

Kaum beginnt der Schnee zu schmelzen, erwacht die Soldanelle, geweckt von den ersten wärmenden Sonnenstrahlen, die auf ihre dunklen Knospen und Blätter scheinen. Aus den immergrünen, ledrigen, rundlich bis nierenförmigen Blättchen sprießt der 5 bis 15 Zentimeter hohe, braunrote, kahle Stängel, der sich oberseits etwas biegt, um die ein bis drei Glöckchen sicher zu halten. Die trichterförmigen, 10 bis 15 Millimeter langen Kelche sind blauviolett, tief, fast bis zur Mitte eingeschlitzt und erinnern dadurch an ein Fransenröckchen. Manchmal hat es das zarte Pflänzchen so eilig, dass es blühend aus dünnen Eis- und Schneeschichten kommt. In den europäischen Gebirgen ist es heimisch und blüht dort sehr gesellig von April bis Juli. Es gedeiht auf feuchten, kalkhältigen Böden (seltener auf Urgestein), Almen, Matten und in Schneetälchen von 650 bis 2.700 Metern.

Die Alpen-Soldanelle hat viele Verwandte, die ähnlich aussehen und auch weit verbreitet vorkommen. Doch eines haben sie alle gemeinsam: Der Volksmund nennt sie Eisglöckchen, weil sie den Bergfrühling als eine der ersten spüren und ihn mit ihren zarten Blütenglocken einläuten.

Alpen-Soldanelle

Anfang Mai, wenn im Tal der Flieder blüht, der Frühling die ganze Bandbreite seines Könnens zeigt, die Bauern mit der ersten Mahd beginnen und der Schnee nur mehr auf den Gipfeln und Graten zu sehen ist, wenn die Lärchen grün werden und ihre purpurroten Fruchtzäpfchen ansetzen, wenn der Jäger seinen Rucksack packt, um nach Spiel- oder Auerhahn zu sehen, dann ist die Blütezeit der **Eisglöckchen** angebrochen.

Eine alte Bauernweisheit sagt: „Selbst der strengste Winter hat Angst vor dem Frühling". Jetzt taut es auch in den Hochlagen, und die Gipfel haben ihr blaues Eiskleid abgestreift. Oben am Berg treibt die grelle Sonne letzte Schatten aus den Gräben und tausende Wässerlein werden wieder lebendig und rinnen ins Tal.

3

Zarte Farbtupfer, der Geruch nach feuchter Erde und Balzgesang kündigen den Bergfrühling an. Die Treibkraft der Pflanzen ist nun besonders stark, und die größten Hindernisse können überwunden werden. Kling, Glöcklein, kling! Tausende filigrane Kunstwerke durchbrechen frisch und spritzig Eis- und Schneedecken, und nichts kann sie aufhalten. Die gefransten Blütenglocken mit feinem Saum aus zarter Spitze schwingen in der frischen Brise und sorgen mit ihren duftigen Kelchen für Leichtigkeit. Der Auftritt der Eisprinzessinnen!

Energiezentrum im Sonnenschein

Auf der Alm do gibt`s koa Sünd, so verkündet leicht überschwänglich das bekannte Lied. Man ist geneigt, es zu glauben, wenn man die Südtiroler Almen bewandert. Den frühen Siedler wird es

sonderbar angemutet haben, droben über der Waldgrenze ausgedehnte Wiesen zu finden, bis hinauf zu den Schutthalden und Felsabbrüchen, ja bis in die Region von ewigem Schnee und Eis. Dass in diesen Höhen die schönsten botanischen Paradiese zu finden sind, gereicht dem herumstreifenden Blumenfreund zum Vorteil, dem Almvieh bietet es Kräuter, Blumen und Gräser von höchstem Nährwert, ja sogar heilkräftiger Wirkung.

Die Almen bedecken einen beträchtlichen Teil der Landesfläche, fast könnte man sie als eigene Landeseinheiten bezeichnen. Seit vielen Jahrhunderten sind der Zweck und die Vorgangsweise bei der Nutzung der hochgelegenen Wirtschafträume die gleichen. Wachsende Bevölkerung bedeutete mehr Bedarf an Lebensmitteln, und das alpine Klima war für die Viehzucht bestens geeignet. Doch bald sollte das Grünfutter in den Talbereichen nicht mehr auslangen, vor allem,

Berghahnenfuß vor Monte Cristallo-Gruppe

da es ja auch galt, Vorräte für die Viehfütterung außerhalb der Vegetationsperiode anzulegen.

Es lag also nahe, Schafe, Ziegen und Rinder auszulagern. Das Hochgebirge bot dafür Platz in reichem Maße. Etwa zur Zeit der ersten Mahd im Tal, wenn auf den Höhen der Schnee geschmolzen war und die ersten Blüten langsam dem satten Grün der Gräser wichen, wurde aufgetrieben. Zuerst auf den Niederleger, schließlich auf die hoch gelegenen Almen.

Die Verbindung zum Heimathof war dabei großteils nur sporadisch, also musste der gesamte Nahrungsvorrat mitgenommen werden. Auf der Alm war dann das Leben einfach, oft einsam, nicht so beschaulich, wie man sich das als Romantiker vorstellt. Die Sommerfrische für das Vieh ist für Senner und Hirten nämlich meist sehr arbeitsreich. Kühe müssen gemolken werden, die Käseherstellung erfordert viel Erfahrung und peinlichste Sauberkeit, Galtvieh und Schafe sowie Ziegen brauchen ständige Betreuung oder zumindest Aufsicht. Dass Menschen und eigentliche Haustiere es zwei bis vier Monate im Hochgebirge aushalten, verblüfft, wenn man an plötzliche Wetterumschwünge mit Kälte, Blitz und Donner, jähen Sturmwind oder auch an Krankheiten und Unfälle denkt.

Doch das Almvieh bekümmert all das nicht. Sobald der Frühsommer naht, spürt man die wachsende Unruhe, es ist keine Übertreibung zu sagen, dass sich die Tiere auf die Almzeit freuen. Auf Bergweiden ruhig dahinziehende Herden, zufrieden liegende und wiederkäuende Kühe unter ruhigem blauen Himmel sind eine Idylle, die dem Herzen des Wanderers wohltut.

Die typische „Wetterzirbe"

Der Bergfrühling bekennt Farbe
(Naturpark Fanes-Sennes-Prags)

Auf der Pustertalerstraße 49/E66 bis zur Abzweigung ins Pragser Tal zwischen Welsberg und Niederdorf, links ins Altpragser Tal bis zum Parkplatz beim Gasthof Brückele, ab hier Mautstraße (€ 6) bis zum Parkplatz vor der Plätzwiesen-Hütte. Ab Mitte Juni Auffahrt nur bis 9 Uhr, aber Shuttle um € 14.

Fingerkraut

Schneeheide

In der Hauptsaison ist die Plätzwiese mit Recht überlaufen. Das atemberaubend schöne Almhochtal ist leicht erreichbar und für jede Art von Wanderung geeignet. Uns lockt es fast jeden Frühsommer hierher, bald nachdem der letzte Schnee geschmolzen ist und der Ansturm an Touristen sich noch in Grenzen hält. Eine leichte Wanderung um diese Zeit führt von Hütte zu Hütte und bringt uns zu den ersten bunten Farbtupfen der Frühblüher im Gebirge.

Vom Parkplatz ist es zur Plätzwiesen-Hütte auf der Straße nicht weit, wir beginnen hier unsere Rundtour und folgen der Beschilderung Weg 40 Dürrenstein. Der erste Wegweiser wird negiert, wir steigen hinauf zum nächsten. Etwa 100 Höhenmeter über dem Start zeigt die Beschilderung mit Weg 3 zur Dürrenstein-Hütte. Fast eben führt er als Teil des Dolomiten-Höhenweges nach Süden.

Oberhalb stehen die typisch abgestuften Felsbänke des Dürrenstein, die mit Geröll durchsetzten Wiesen verwandeln sich angefangen mit Schusternagerl, Enzian, Mehlprimel, Torhelm und später mit sonnengelben Trollblumen, Berghahnenfuß, heilkräftigem Sonnenröschen

und Fingerkraut allmählich in ein buntes, duftendes Blumenreich. Der Frühling bekennt Farbe! Der Almerer dort oben sagt „Jeden Tag kommt ein neues Bleamerl dazu", bis zu einer Blütenfülle im Juni, die uns nur mehr staunen lässt. Auf den ausgedehnten Matten entlang des Dürrenstein hat die Natur eine Schwäche für Rot und kombiniert das Schneeweiß kleiner Krokusinseln der gerade schneefrei gewordenen Wiesen mit tausenden Pölsterchen von Schneeheide in kräftigen Tönen.

Auf fragilem Blütenstiel erwacht die zarte Soldanelle im lockeren, luftigen Blütenkleid aus ihrem Dornröschenschlaf. Sie erzittert und schauert in eisigen Windböen und wirkt fast schutzbedürftig. Ihr edler Blütenstoff sieht aus, als wäre er aus Seidenpapier gefertigt. Ein Kontrastprogramm dazu bieten die fast furchterregenden Wetterzirben mit mächtigen Wurzeln im dunkelgrünen Nadelkleid, manche von ihnen mit schwarzen Blitzspuren und Totholz am Stamm. Jahrhundertelang stehen sie auf ihrem Platz und behaupten sich mit aller Kraft des Lebens gegen die Urkräfte der Natur.

Der Blick nach vorne bleibt an der legendären Gruppe des Cristallo hängen, herausragend der Piz Popena und der Monte Cristallo, vorgelagert der Knollkopf, welcher das Almgebiet gegen Schluderbach und Cortina abschirmt. Südwestlich die Spitzen der Tofana und schließlich im Westen die massive Formation der Hohen Gaisl, sagenumwoben schon in ladinischer Zeit, wohl auch wegen der zahlreichen Höhlen und der intensiv roten Farbe.

Stängelloser Enzian

Hier heroben sind die Almwiesen mager, hin zu den Almen sattgrün, gelb durchwoben. Jetzt im Frühsommer wird nur der giftige Weiße Germer ausgesichelt, später dann werden die nicht beweideten Wiesen einmal im Jahr gemäht und kaum gedüngt. Blütenfülle und Artenvielfalt sind der Dank der nachhaltigen Bewirtschaftung. Im Sinnen und Schauen vergeht schnell die Zeit und alsbald ist die Dürrenstein-Hütte erreicht. Ihr gegenüber stehen die Reste eines alten Forts, Mahnmal der Zeit des Ersten Weltkrieges, Erinnerung an die mörderische Front zwischen Italien und Österreich. Von der Dürrenstein-Hütte bietet sich nach einer verdienten Rast der gleiche Weg zurück an, immer wieder unterbrochen von Abstechern in die steilen Hänge mit dem Blütenschatz, über dem vom geschmolzenen Schnee noch braun-grauen Gras. Eine Alternative ist der Abstieg auf dem Fahrweg, erst kurz und steil, dann eben, durch die feuchten Almwiesen zurück zum Ausgangspunkt.

START: Parkplatz Plätzwiese (1.979 m)

KURZFASSUNG: Parkplatz Plätzwiese, Dolomitenhöhenweg, Dürrenstein-Hütte und zurück

HÖCHSTE WEGSTELLE: ca. 2.050 m

HÖHENUNTERSCHIED: 70 m

REINE GEHZEIT: 2 Stunden

SCHWIERIGKEIT: ✿

TOURISMUS-INFO: 0039/474/748660

TIPP: Einkehr auf der Almhütte Plätzwiese – von der Almgenossenschaft geführt – einfach, aber gut

Stilles Frühlingsläuten

4

Frühlings-Küchenschelle

Frühlings-Kuhschelle, Pelzanemone
Pulsatilla vernalis
Familie: Hahnenfußgewächse
(Ranunculaceae)

Die Frühlings-Küchenschelle wird 5 bis 15 Zentimeter groß, ist also kleiner als die Alpen-Küchenschelle. Sie ist an Blüten und Stängel als Kälteschutz stark behaart, deshalb auch der Name Pelzanemone. Fiedrige, harte Blätter sind gespalten und erscheinen erst nach der Blüte. Die Farbe der sechs Perigonblätter ist innen weiß-gelb, die Außenseite zart violett. Die Blüte bildet anfangs eine längliche Glocke, die sich später zu einem Stern entfaltet. Beim Verblühen verlängern sich die Griffel zu einem zottigen Schopf. Ihre Blütezeit ist März bis Mai, wobei die überaus zarten Blütenblätter sehr rasch verwelken. Der bevorzugte Standort der Pflanze sind saure, trockene Grasflächen und Hänge. Die unter strengem Naturschutz stehende Küchenschelle ist in allen Pflanzenteilen stark giftig, wie alle Hahnenfußgewächse, war schon immer im medizinischen Gebrauch und wird heute als beliebtes Homöopathikum gegen unendlich viele Beschwerden eingesetzt.

Frühlings-Küchenschelle

Es gibt Dinge im Leben, für die man innerlich brennen muss, dass sie gelingen. Nachdem ich über die „Gärten Gottes", wie die Botanikerin Paula Kohlhaupt die Urwiesen Südtirols nannte, gelesen hatte, war es mein sehnlichster Wunsch, diese zu finden.

Dazu gehören: Armentara-Wiesen, Sellajoch-Wiesen, Gardenacia-Wiesen, Plätzwiese, Wiesen der Lüsener Berge, die Ciclesalm und die Wiesen im Villnösstal.

Das Herzstück der Landschaft sind die hellen, mächtigen Gebirgsstöcke, die in den Bann ziehen, mit Gipfeln und Graten, mit weißen, tief ins Tal fließenden Schutthalden, aus durchlässigen Kalken und humusarmen, basischen Böden. Eher sanft ist das vulkanische Silikatgestein mit fruchtbaren, feuchten, sauren Böden und einem lieblich anmutenden, bräunlich-grünen Rasenkleid. Die Heimat der Urwiesen – wohl nirgendwo findet diese Blütenfülle ihresgleichen!

Im Platz an der Sonne hat die Natur ein bleibendes Kunstwerk geschaffen – ein kleines Paradies. Der Zauber tausender Wildblumen breitet sich in verschwenderischer Fülle und unendlichem Glanz über die Matten. Bereits zu Pfingsten läuten Krokusse, **Pelzanemonen** und Soldanellen den Frühling ein. Im Juni geht es meistens auf einen Schlag und die Wiesen stehen in voller Blütenpracht. Arnika, Orchideen, Trollblumen, Türkenbund, alle möglichen Kleearten und die duftenden Kohlröschen berauschen. Die feenhaften Wesen strahlen dann einen kurzen Bergsommer lang intensiv und in allen Farben. Die bunten Mischungen aus edel und einfach, aus verspielten und minimalistischen Formen werten einander auf, und die Natur lässt ihrer Liebe zu Farben frei-

en Lauf – verblüffend, wie das unkomplizierte Nebeneinander funktioniert!

Mein Herz gehört diesen Urwiesen, den „Gärten Gottes" – ein Inbegriff vollendeter Schönheit. Man kann jedes Jahr aufs Neue staunen über die wechselnden Töne, Farben und die unglaublichen Kontraste zwischen Sanft und Wild.

S wie Südtirol, Schlern und Seiser Alm

Seiser Alm und Schlern haben einen besonderen Klang. Hier das höchstgelegene große Almgebiet der Alpen, über Generationen als botanischer Garten Europas bewundert, darüber die markante Gestalt des Bergmassivs mit den vorgelagerten

Blick auf Lang- und Plattkofel

Löwenzahnfelder

Spitzen, Symbol für das ganze Land Südtirol.

Die Gegend ist seit Jahrtausenden besiedelt, beweidet, mit Kultplätzen aus vorchristlicher Zeit bis in große Höhen. Dazu kommt eine geologische Vielfalt, die dem Wanderer auf Schritt und Tritt begegnet und Einblicke in die Entstehung und Formung der Alpen gibt.

Schon von der Seiser Alm aus ist das Panorama beeindruckend, vom Schlern her schlichtweg umwerfend. Der Blickkreis über die Gruppen von Geisler und Puez, über Sella, Langkofel und Marmolada, Rosengarten und Latemar bis zum Ortler weckt Erinnerungen an vergangene Touren, verheißt neue Abenteuer.

Die Erhaltung eines so außergewöhnlichen Gebietes ist der Wunsch aller Naturfreunde, schade, dass die Realität manchmal ein wenig anders aussieht. Hier gibt es eine Schatzkammer von Pflanzen, die woanders die letzte Eiszeit nicht überstanden. Vor allem auf der Hochfläche des Schlern haben sogenannte Endemiten in eisfreien Höhen über dem Gletscherpanzer überlebt. Und dass die Böden der Seiser Alm so komplex zusammengesetzt sind, hat zusammen mit der Lage im Herzen der Alpen eine sonst nicht so leicht zu findende Vielfalt bewirkt. Daher ist die Seiser Alm schon seit langem Landschaftsschutzgebiet, etwas später wurde das Schlerngebiet zum Naturpark.

Doch paradiesisch ist es leider nicht überall. Das Almareal wird intensiv genutzt, Wiesen werden meliorisiert, also entwässert, gedüngt und maschinell bearbeitet. Dazu kommt die Nutzung als Skipiste, mit all den bekannten Folgen. Recht deutlich sieht man den Unterschied zwischen Naturpark und Landschaftsschutzgebiet auf der Wanderung von Kompatsch zur Mahlknecht-Hütte und weiter zum Haus Dialer. Auch der Laie sieht mit freiem Auge den Unterschied.

Die Weiden im Naturpark sind durchaus nicht von der traditionellen Nutzung ausgenommen, und doch blüht es hier üppig und bunt, dass es eine wahre Freude ist.

Dass der Naturpark-Gedanke nicht nur als Verordnung funktioniert, zeigt exemplarisch die Hans- und Paula-Steger-Stiftung. Die großflächigen Liegenschaften werden entsprechend dem Vermächtnis äußerst schonend, ohne Düngung, nachhaltig bewirtschaftet. Der Erfolg ist augenscheinlich und sei zur Nachahmung empfohlen. Hans und Paula leben hier fort.

Wohin übertriebene Beweidung vor allem durch Schafe führt, sieht man erschreckend auf dem Schlern-Hochplateau. Man muss schon Glück haben, um die wahren Matten an Edelweiß zu sehen, so mancher Endemit ist verschwunden, und wer den Himmelsherold sucht, braucht sich nicht heraufzubemühen, bestätigt uns der Schafhirte fast schon stolz. Dort aber, wo die wohl zu zahlreichen Schafe nach der Weide im Tschamintal nicht hinkommen, finden wir freilich lohnende und beglückende Ausnahmen.

Trollblume   *Krokus*

Stilles Klingen im Bergfrühling
(Naturpark Rosengarten-Schlern)

Auf der A22 Brennerautobahn bis Ausfahrt Klausen beziehungsweise Bozen Nord, Beschilderung Seiser Alm. Zwischen Seis und Kastelruth Abzweigung nach St. Valentin und in weiterer Folge zur Seiser Alm. Alternativ Auffahrt mit der Seiser-Alm-Seilbahn.

Diese leichte Wanderung beginnt im Zentrum von Kompatsch. Pferdekutschen und Pommes-Duft sind bereits am Weganfang hinter der modernen Kirche vergessen. Über sanft geformte Verwitterungsböden, einem Produkt aus Ton, Sand, Kalk und vulkanischer Asche, zieht sich Weg 30 unterhalb der Straße nach Osten. Massiv liegt der sagenumwobene Tschon Stoan, Rastplatz steinzeitlicher Jäger und Relikt der Eiszeit, weiter oben. Auf den gerade erst aper gewordenen Flächen trotzen Krokusse der intensiven Düngung und dem Druck der Pistengeräte. Da und dort blitzt das Azurblau

der ersten Enziane auf, an den schattigen Rändern fühlen sich die Soldanellen wohl, die hahnenfußförmigen, sattgrünen Blätter der Trollblumen sind schon gut entwickelt, und ein Anflug von kleinen, grünlich-gelben Knospen ist zu sehen. Der Hans-und-Paula-Steger-Weg quert alsbald die kaum befahrene Straße und steigt zum Hotel Dellai Steger hinauf.

Vorbei am Weiher mit der ersten Infosäule, weitere folgen, dann durch ein Fichtenwäldchen. Bei der Beschilderung „Tuene-Hütte" ist das Verlassen des Weges ein Muss. In wenigen Schritten ist zuerst der rot-weiße Fahnenmast, dann die Ausstiegsstelle des Liftes erreicht und ein beeindruckendes Vorkommen von Küchenschellen breitet sich über die vom Schnee noch bräunlichen Wiesenhänge aus. Der Kontrast zu den entfernten grünen – da gedüngten – Flächen, könnte nicht größer sein. Hier liegt eine Enklave, ein Naturpark im Kleinen. Jede Kuppe, jeder Einschnitt ist mit den glockenförmigen, zauberhaft zarten Blüten in gedämpftem Weiß, manchmal Lila, überlaufen, doch

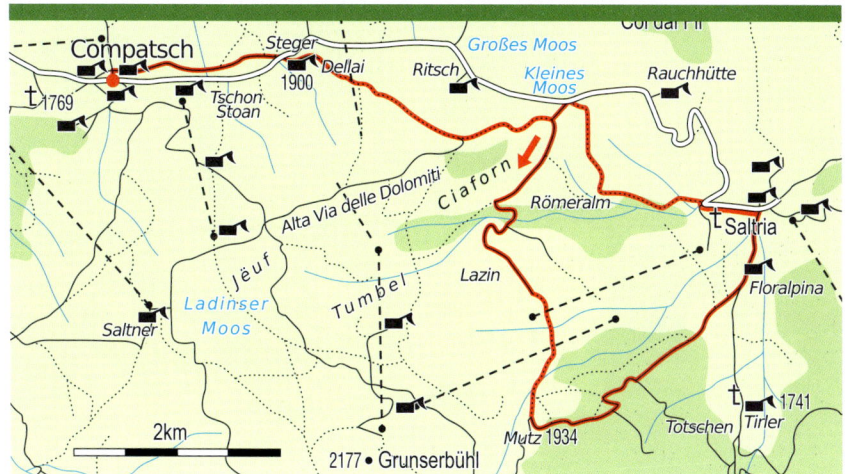

nie ohne Pelzmäntelchen, in den vielfältigsten Stadien übersät. Solche kleinen Kostbarkeiten erfordern immer einen zweiten Blick. Wer sich von der äußeren Schönheit nicht blenden lässt, entdeckt die herrliche Zeichnung, die im Inneren verborgen ist. Im Mai heißen sie zusammen mit den Heerscharen von weiß-violetten Krokussen den Bergfrühling auf der Seiser Alm willkommen.

Traumhaft schön der atemberaubende Rundblick, Seceda, Geisler, Gardenaccia, Sella, Lang- und Plattkofel, Rosszähne, Schlern, im späten Frühlingsschnee glitzernd – ein verzaubertes Stückchen Erde.

Wir reißen uns los, unten bei der Tuene-Hütte wartet Weg 30 auf die Fortsetzung. Teilweise durch feuchte Wiesen geht es weiter bis zur Straße, bei der Haltestelle biegt rechts Weg 12a ab, immer als Hans- und Paula-Steger-Weg beschildert. Durch das Gebiet der Lanziner und Laranzer Schweige geht es leicht ansteigend hinauf. Zu beiden Seiten bieten sich lohnende Abstecher in die hügeligen Hänge mit großen

START: Kompatsch (1.844 m)

KURZFASSUNG: Kompatsch, Hotel Steger – Dellai – Tuene-Hütte – Saltria und zurück

HÖCHSTE WEGSTELLE: Mutz (1.934 m)

HÖHENUNTERSCHIED: Im Auf und Ab 200 m

REINE GEHZEIT: 2 Stunden

SCHWIERIGKEIT: ❀

TOURISMUS-INFO: 0039/471/709 600

TIPP: Auch zur Zeit der Hochblüte Juni/ Juli einen Besuch wert!
Wunderschöne Mähwiesen auf der Trojer- und Hartlalm sind von Saltria aus erreichbar.

Vorkommen der Pelzanemonen an. Beim Mutz ist auf 1.934 Metern die höchste Wegstelle erreicht. Links hinunter führt nun immer noch der Themenweg, nun aber mit Nummer 12 nach dem lebhaften Saltria. Von hier aus mit dem Bus oder aber besser links auf Weg 30 in leichtem, stetigem Anstieg zurück, zuerst auf den bekannten Weg und weiter zum Ausgangspunkt.

Blüten – zart wie ein Abendhauch

5

Rhodothamnus chamaecistus
Familie: Heidekrautgewächse

Der immergrüne, widerstandsfähige, kleine Strauch der Zwerg-Alpenrose wird 10 bis 30 Zentimeter hoch und besiedelt sonnige Geröllhalden, Felsbänke, karge Dolomitböden und Kalkgestein. Mit verholzten, verästelten Zweiglein und überaus kleinen, ledrigen, länglichen, nach oben spitz zulaufenden Blättchen, deren Ränder feine Härchen haben, ist er von 1.000 bis 2.200 Metern Höhe zu finden.

Zwerg-Alpenrose

Ihre langgestielten zartrosa bis rosa Blüten, die meist zu zweit am Stängel sitzen, breiten sich weit und radförmig aus. Aus ihrem Inneren leuchten zehn lange, an den Spitzen purpurrot gefärbte Staubbeutel. In der Sommerhitze bildet sie trotz Wassermangels ihre Samen aus und bereitet sich auf ihren Frühstart im nächsten Jahr vor.

Als wahre Rarität schmückt die Zwerg-Alpenrose nur die Ostalpen, wohl als eine der schönsten Zierden in den Bergen, und auch dort braucht man eine nötige Portion Glück, sie zu finden.

Wir machen uns auf die Suche! Ein sonniger Frühlingstag Ende April treibt uns in die Berge. Nach einem Wettersturz sind sie noch teilweise verschneit und die Kämme glitzern in der Sonne, die schon hoch genug steht, um zu wärmen.

Der Südwind tut das Seine dazu. Täglich zeichnet der Schnee neue Muster in die schmelzende Landschaft.

Ein rasanter Aufstieg bringt uns rasch aus dem Hochwald heraus. Die grünen, verzweigten Büsche der Rost-Alpenrose, weiter oben dann die der Behaarten Almrose, beide Schwestern der **Zwerg-Alpenrose**, sind noch lange nicht in Blüte. In der Schutthalde legt sich die Sonne kräftig in die Latschen. Eine kurze Rast einlegen? Ein verlockender Gedanke! Unser „Bergkraxlertee" ist gleich ausgepackt und wir genießen jeden Schluck.

Da sind sie – diese Gegensätze, die ich so liebe und die den Reiz der Landschaft ausmachen!

Zwischen den Steinen sprießt schon das erste Gras, und ein winziges Sträuchlein hat schon Knospen und Blüten angesetzt. Es ist die Zwerg-Alpenrose, die den Frühling nicht erwarten kann. In berührender Zartheit breitet sie ihre Blütenkronen in allen Rosatönen aus, umrahmt von den immergrünen kleinen Blättchen. Unempfindlich gegen Kälte und Frost nutzt sie die Wassergaben der Schneeschmelze aus, um zur Blüte zu kommen.

Ein Wolkenfetzen legt sich vor die Sonne, eine leichte Brise kommt auf. Uns wird kalt – der Abschied fällt uns schwer, doch wir nehmen die einmaligen Blütenbilder in Gedanken mit und gehen weiter. Die Zwerg-Alpenrose bleibt an Ort und Stelle stehen, hält allen Wetterkapriolen stand, was bei solcher Zartheit immer wieder verblüffend erscheint.

Jedem Wanderer würde ich wünschen, wenigstens einmal Bekanntschaft mit diesem Kleinod zu machen, es sind Augenblicke für immer.

Innerfeldtal mit Haunold

Heiß umfehdet …

Eine Fahrt durch das Pustertal ist auch eine Reise durch die Geschichte. Deutlich wie kaum anderswo spürt man die frühere Einheit des Landes in Sprache und Brauchtum. Die Trennung vom Vaterland wurde hier lange nicht überwunden, noch viel weniger akzeptiert und folglich auch heftig bekämpft. In der Nacht vom 11. zum 12. Juni 1961 brannten die Berge Südtirols, am hellsten im Pustertal und seinen Seitentälern. Die legendäre Feuernacht hatte weitreichende Folgen. Hunderte Bauern wurden verhaftet, unter entwürdigenden Bedingungen eingesperrt, oft grausam gefoltert. Die herausgeforderte Staatsmacht schlug brutal zurück und unterdrückte den befürchteten Aufstand.

Doch nicht alle gaben auf. Die sogenannten Pusterer Buam und Sympathisanten aus Österreich, allesamt mit der

Zwergbuchs

Bergwelt vertraut, verübten in Guerilla-taktik spektakuläre Anschlage auf staatliche italienische Einrichtungen, um die Weltöffentlichkeit auf tief empfundenes Unrecht hinzuweisen. 1964 wurde ihnen ein Mord an einem italienischen Carabinieri-Soldaten wohl fälschlich angelastet, Exil in Nordtirol und Bayern war der einzige Ausweg.

Einer durfte bisher in die Heimat zurückkehren – zur letzten Ruhe.

Dass die Brennergrenze von den meisten Tirolern noch immer als Unrechtsgrenze gefühlt wird, hat seine guten Gründe. Das Tiroler Kernland war ursprünglich Südtirol, das dem Land den Namen gebende Grafengeschlecht hauste auf Schloss Tirol, nahe Meran, das lange Zeit Landeshauptstadt war.

Die Hauptstadt wurde nach Innsbruck verlegt, doch das Land blieb über Jahrhunderte eines, überstand kurze Annexionen durch Bayern und das Napoleonische Italien.

Erst als im Gefolge des Ersten Weltkrieges der Vielvölkerstaat Österreich-Ungarn zerschlagen wurde, geriet neben dem Italienisch sprechenden Trentino, über Jahrhunderte als Welschtirol bekannt, auch das deutschsprachige Südtirol in die Gewalt des Siegerstaates Italien.

Das nächste halbe Jahrhundert war geprägt von Versuchen, die sprachliche und kulturelle Identität zu zerstören, Hitler und Mussolini waren dabei treffliche Partner.

Von der heuchlerisch so genannten Option auf Heimat künden heute zahlreiche Südtiroler Siedlungen in Nordtirol. Wer jedoch blieb, schien sich der italienischen Staatsmacht zu unterwerfen. Die Folge waren Zerwürfnisse und Risse quer durch Familien und Gemeinschaften, manche Wunden schmerzen noch heute.

Die zweite Hälfte der 100 Jahre stimmt optimistischer. Das Südtirolpaket von 1969 brachte die autonome Provinz Bozen, mit Rechten, die oft als vorbildlich bezeichnet werden und die Tiroler Minderheit in Italien schützen sollen.

Der EU-Beitritt Österreichs hat die Staatsgrenzen in ihrer Bedeutung gemindert, ob Ötzi Nord- oder Südtiroler war, interessiert nur mehr am Rande.

Das alte Land im Gebirge rückt im 21. Jahrhundert nicht im nationalistischen Sinne enger zusammen, vielmehr versuchen die drei Landtage von Nord-, Süd- und „Welsch"-Tirol, Gemeinsamkeiten und Zusammenarbeit in den Vordergrund zu stellen.

Da fällt es leichter, über so manches Südtiroler Ortsschild mit italienischem Fantasienamen zu lächeln.

Träume von berauschender Zartheit am Weg zu den Gsellwiesen
(Naturpark Sextener Dolomiten)

Auf der Pustertalerstraße 49/E66 nach Innichen, Abzweigung nach Sexten, vor dem Ort und dem Stausee rechts abbie-

Steinbrechgewächs

gen, auf schmaler Asphaltstraße ins Inner-feldtal bis zum letzten Parkplatz. (In der Hauptsaison auf Fahreinschränkungen achten).

Auch die Anfahrt durch die gepflegten Lärchenwiesen, die Gwengwiesen, am Eingang des Innerfeldtales, ist ein ästhetisches Vergnügen – über Jahrhunderte erschaffen, durchsetzt von lichtdurchlässigen Lärchen, die im Winter die Nadeln als Dünger abwerfen, die abfallenden Äste sorgfältig um die Stämme geschlichtet.

Beim markanten Antoniusstein (1.509 Meter) endet die allgemein befahrbare Straße, weiter geht es nur für Berechtigte. Bis zur dritten Kehre ist es nicht weit, hier zweigt links der Fahrweg 12a ab und quert auf etwa einem Kilometer, fast höhenlinienparallel, die mächtigen Schuttkegel am Fuße des Gsellknoten. Die Unbilden des Winters haben dem Weg etwas zugesetzt, Schuttströme und Lawinen haben zerstörend gewütet, das Fortkommen wird aber nicht behindert.

Der bisher breite Weg stößt auf ein steiles Bachbett, im tiefen, lockeren Schuttmaterial siedeln die weißen Sternchenblüten der Steinbrechgewächse, freilich

ohne Oberflächenwasser, dieses benötigt schon starke Niederschläge. Auf den Wanderer wartet ein steiler Aufstieg, oft über Holz- und Steintreppen, dann wieder auf schmalem Pfad.

Die Blütenkleidchen der Zwerg-Alpenrosen aus federleichtem Chiffon mit effektvollen dunkelpurpurnen Staubgefäßen schimmern in pastelligem Rosé, zart wie ein Abendhauch, und ihre sanfte Erscheinung wirkt lieblich, ganz im Gegensatz zur Rostblättrigen und ihrer Zwillingsschwester, der Behaarten Alpenrose, die beide sehr deftig aussehen und etwas später zur Blüte kommen.

In kalkliebender Gesellschaft gesellen sich die weiß- und violett-gelben Schiffchenblüten des Zwergbuchs, die weißen Rosenblüten der immergrünen Silberwurz, betäubend duftende Blüten des Seidelbast und Steinröschens zu Heerscharen der cremefärbigen Blüten des Alpen-Fettkrauts mit olivgrüner, eng am Boden liegender Blattrosette zwischen Moosen, Farnen und Bärlappgewächsen.

Himmelwärts steigen wir höher wie durch ein Schmuckkästchen. Enzian und Schusternagerl auf Schritt und Tritt, pralle Knospen von Türkenbund bereiten sich auf die exotisch wirkende Turbanblüte vor, Trollblumen und Punktierter Enzian können es kaum erwarten, ihre gelbe Pracht zu entfalten, tausende Vergissmeinnicht in verwaschenem Blau und die schneeweißen Blütensterne der Alpen-Anemone sind die Vorboten einer ungeahnten Blütenpracht in den Sommermonaten.

Die Fichten treten zurück, Lärchen, Erlen und Latschen dominieren, vereinzelt stehen Ebereschen, dazwischen riesige Felsbrocken, vom Gsellknoten (2.875

Meter) und seinen Nachbarn herunter-
gestürzt. Ihnen fehlen schützende, de-
ckende Schichten, die Verwitterung kann
ungehindert angreifen. An Naht- und
Schwachstellen wird das Gestein ge-
sprengt, die Schwerkraft tut den Rest.

Der Aufstieg wird kurz gestoppt, ein
Lawinenrest hat den Weg verschüttet, ist
aber links leicht zu umgehen. Die Schnee-
tälchen-Gesellschaft erwartet uns. Fragile
Soldanellen und weiß blühende Krokusse
säumen den Weg, und der frische, blumige Frühlingsduft ist allgegenwärtig.

Oben ragen schroffe Zacken empor,
darunter die mächtige Schutthalde. Vor
uns gegen Osten wird es immer heller,
und bald ist der Sattel von Außergsell erreicht. Nach links schneidet ein schmales
Wiesensteiglein (12, 12a) in den braunen
Verwitterungsboden. Die Lärchenwiesen
hier sind etwas vernachlässigt, doch die
Blütenpracht des Bergfrühlings ist deshalb um nichts geringer und begleitet uns
bis zur Ruhebank und der Stempelstelle.

START: Parkplatz Antoniusstein (1.509 m)

KURZFASSUNG: Parkplatz, Straße bis
dritte Kehre, Weg 12a, Kreuzung der
12er Wege, Außergsell und zurück

HÖCHSTE WEGSTELLE: Außergsell
(2.007 m)

HÖHENUNTERSCHIED: 500 m

REINE GEHZEIT: 4 Stunden

SCHWIERIGKEIT: ❀ ❀

TOURISMUS-INFO: 0039/474/710310

TIPP: Nach dem Abstieg Einkehr in der
Dreischuster-Hütte, ca. 20 Minuten
taleinwärts

Großes Vorkommen der Zwerg-Alpenrose auch bei den Rotwandköpfen/An-
derter Alm in Sexten

Auf dem beschilderten Weg gehen wir
nun hinunter bis zu den bewirtschafteten Gsellwiesen, die für uns auch zu den
„Gärten Gottes" zählen, beim Fahrweg
rechts zurück zum Joch und dann auf
dem bekannten Weg wieder zum Ausgangspunkt.

Tausende gelbe
Sonnen leuchten

6

Schwefelgelbe Anemone

Pulsatilla alpifolia
Familie: Hahnenfussgewächse
(Ranunculaceae)

Die Schwefelanemone gehört zu den Pflanzen, die Gefühle von Sonne und Frühling wach rufen. Einzeln, aber auch in großen Beständen schmückt sie sonnige, magere Bergwiesen, bevorzugt Silikatböden, und nicht selten ist sie noch in über 2.000 Metern Höhe anzutreffen.

Der behaarte, grün-braune, manchmal ins Rötliche überlaufende, 15 bis 40 Zentimeter hohe Stängel ist rund und entspringt aufrecht dem Wurzelstock. Die grünen, feingefiederten, dreiteiligen Hochblätter sind ähnlich wie die länger gestielten grundständigen Blätter. Auffällig ist die Größe der sechs schwefelgelben, äußerst zarten Kronblätter, welche die gleichfärbigen Staubblätter umschließen. Eindrucksvoll leuchten diese „Sonnen" zwischen Mai und Juli und schmücken die meist noch kahlen Bergwiesen. Die ausgewachsenen, zottigen Schöpfe, die uns einen ganzen Bergsommer lang begleiten, sind behaarte Flugkörper, damit die Samen, sobald sie ausgereift sind, dann auch ein gutes Plätzchen für ihre Nachkommen finden.

Der Blütenflor der Armentara-Wiesen wechselt alle paar Wochen seine Farbe und ich bin mir nie sicher, welches Kleid der Wiese am besten steht.

Schwefelgelbe Anemone

Zuerst als Aschenputtel, gleich nach der Schneeschmelze, einfach und bescheiden geschmückt, mit weiß-lila Krokussen, dunkellila Soldanellen und den weiß-pelzigen Frühlings-Küchenschellen, klein, an die Hänge geschmiegt und mit ihrem dichten Haarkleid Wind und Kälte trotzend. Alsbald die in allen Gelbtönen schimmernden Stars im Frühsommer – von **Schwefelanemone** in duftender Zartheit, Trollblume, Sumpfdotterblume, Ranunkel bis zu Hahnenfuß. Dies sind die ausgedehntesten Felder, die ich je gesehen habe, kombiniert mit dem unverkennbaren Blau der Enziane und Schusternagerl, bis zu den Divas im Hochsommer, die in allen Farben, Formen, Gerüchen und berauschender Fülle unsere Sinne bezaubern. Man findet nach Schokolade duftende, braun-schwarze

Kohlröschen, dunkelviolettes Läusekraut neben hellviolettem Alpensüßklee, gelbe Sterne der Arnika, verschiedenste Arten von Knabenkräutern, das helle Orange der Feuerlilien und die altrosa Turbane des Türkenbund als Edelsteine unter ihnen. Diese Artenvielfalt und Blütenfülle ist einzigartig auf den Armentara-Wiesen – ein wahres Wildblumenparadies.

Nach der Mahd im August, wenn es still wird auf den Almen und noch bevor der Schnee eine weiße Decke auf die Wiesen wirft, flammen sie noch einmal in allen Lilatönen der Herbstzeitlosen auf und vermitteln eine leicht melancholische Stimmung.

Der Weg nach Säben

Zielstrebig setzt der ältere Herr einen Fuß vor den anderen. Von den Lippen klingen Laute, fremd und vertraut zugleich. So

Bodenfliese

singen die frommen Pilger schon seit Generationen. Was gab es schon anderes, um Heuschrecken, Pest, Unwetter und Missernten abzuwenden.

Das Reisegepäck ist karg. Ein schmaler, alter Rucksack, noch aus dem olivgrünen Leinen mit Lederträgern, enthält nicht viel. Und viele Güter braucht es auch nicht, um den Weg zu gehen und schließlich zu vollenden.

Seit drei Jahren haben sie sich vorbereitet. Das Datum ist seit verheerenden Unglücksfällen in früheren Jahrhunderten fixiert. Mitte Juni machen sich ausschließlich Männer auf, um durch ihre Prozession vom Gadertal nach Klausen Unheil abzuwenden.

Aus dem Oberen Gadertal geht es nach Pescol bei Pedraces in Campillertal, weiter über das Kreuzjoch nach St. Magdalena in Villnöss.

Hospiz

Die Untergadertaler versammeln sich in Untermoi, steigen hinauf zum Würzjoch und erreichen bald darauf ebenfalls St. Magdalena, wo sie auf die Obergadertaler treffen. Im gemeinsamen Zug folgen sie der Heilig-Kreuz-Kirchenfahne nach St. Peter, angeführt durch zwei Pfarrer, bequem auf Rössern sitzend, begrüßt mit Fahnenschwenken, Böllern, Musik und Glockenläuten. Der feierliche Empfang der Ladiner im deutschsprachigen Villnösstal lässt alte Gemeinsamkeiten anklingen.

Seit jeher herbergen die gleichen Familien in denselben Unterkünften, die Begrüßung ist dementsprechend herzlich und vertraut.

Doch zu viel Zeit bleibt nicht für lockere Unterhaltung, der Weg ruft. Um 4 Uhr früh geht es weiter. Zum Glockengeläut sind alle versammelt, zuerst zögernd, dann immer tiefer und inbrünstiger erschallen die Gesänge. Gute vier Stunden braucht der Bittgang, doch dann ist das Ziel erreicht. Die Freude über das Erreichte ist in die Gesichter geschrieben,

die Heiligen Messen in Säben und Klausen vertiefen das gläubige Erlebnis.

Der Rückweg nach St. Peter ist entspannter, die verinnerlichten Gefühle treten zurück, die Wallfahrt ist erfüllt. In Gesänge mischen sich immer wieder Gespräche und Erzählungen, die Scherze und Streiche der Jugend werden zusehends kecker. So auch bei der zweiten Übernachtung in St. Peter. Speckbrot und Wein lassen Strapazen vergessen, die Gedanken sind auf Aufbruch und Rückkehr am nächsten Tag gerichtet.

„Ob wir Heuschrecken, Rübenwürmer oder Unwetter verhindert haben, wer weiß das schon", meint unser Wanderfreund aus dem Gadertal, den wir nur wenige Wochen vor der Wallfahrt auf den Armentara-Wiesen getroffen haben.

Das Gold der Armentara-Wiesen
(Naturpark Fanes-Sennes-Prags)

Auf der Brennerautobahn A22 Ausfahrt Brixen, weiter auf der E66 durch das Pustertal, bei St. Lorenzen auf der Bundesstraße 244 ins Gadertal. Bei Pederoa abzweigen nach Wengen/Le Val. Noch vor dem Ort, im Tal, geht es rechts hinauf nach Furnacia, oberhalb des Weilers liegt der Parkplatz (1.720 Meter) im Naturpark Fanes-Sennes-Prags.

Weg 15a führt durch helle Fichten-Lärchen-Mischwälder hinauf zu den Wiesen. Der Waldgürtel tritt zurück, freie Wiesenflächen tun sich auf und tragen über saftigem Grün goldene Tupfen. In einer Orgie von Gelb leuchten Schwefelanemonen, Trollblumen, Sumpfdotterblumen, Hahnenfuß und Löwenzahn

Fieberklee   *Zottige Schöpfe der Frühlings-Küchenschellen*

wie tausende Sonnen. Stadel in verschiedensten Erhaltungszuständen sind über die sanften Hügel verstreut, viele von der Sonne verbrannt, manche durch den weichen, feuchten Boden schief gerückt. Die mergeligen, äußerst wasserdurchlässigen Wengener- und Kassianer-Schichten sind die Ursache für das auffällige Bodenfließen und die Rutschungen.

Bei der Weggabelung halten wir uns links, und in weiterer Folge nehmen wir den Weg 15, der von Spescia heraufkommt und entlang von Kreuzwegstationen zum Hospiz führt, stets unter den steil aufragenden Felswänden des Neuner und Zehner, später dann des Kreuzkofels mit seiner charakteristischen Schichtung, am westlichen Rand des Naturparks Fanes-Sennes-Prags. Einzelne Soldanellen mit ihren lila Spitzenröckchen und weiße Krokusse besiedeln die Schneetälchen, von den Frühlings-Küchenschellen sind nur mehr die verblühten Schöpfe zu sehen. An den Bachläufen fühlt sich die

Sumpfdotterblume wohl, und in nassen Senken ergeben die rosaroten Mehlprimeln, kombiniert mit dem dunklen Violett des Torhelms und den weiß-zackigen, zottig behaarten Blütenkronen des so heilkräftigen Fieberklees eine wunderschöne Farbkomposition. Die azurblauen Glocken des Stängellosen Enzians und tausende Schusternagerl sind ständige Begleiter links und rechts des Weges, der gut markiert und leicht ansteigend ist und sich schließlich wieder mit dem Weg 15 A zum Hospiz hin vereinigt. Der Pfad ist nun mit Steinplatten und Blöcken sorgfältig ausgelegt. Eine Mühe, die von der gewaltigen Mure von den Abhängen des Kreuzkofels immer wieder zunichte gemacht wird. Der lockere, durchfeuchtete Boden fließt wie eine Lawine und gestaltet die Landschaft gewaltsam um.

Vom Hospiz aus erblicken wir gegenüber die Sellagruppe, die Karsthochfläche von Gardenaccia, die Geislerspitzen und schließlich den Peitlerkofel.

Der Weg zurück entspricht zunächst dem bekannten Herweg, bei dem kleinen Stadl und dem Wegkreuz nach der Geländekuppe endet der Plattenweg, wir halten uns jetzt links auf dem gepflegten Schotterweg. Hinunter durch feuchte Wiesen geht es vorbei an den so unglaublich schiefen Stadln auf dem Weg 15a. In weiten Serpentinen windet er sich über die blumenübersäten Wiesen, die Fülle lädt zum Stehen, Staunen, langsamen Schlendern ein. Hinter jedem Hügel wartet ein weiteres Tälchen, eine steile Wiese, ein kleiner Tümpel, ein naturbelassenes Bächlein.

Der Fahrweg führt zurück zum Parkplatz, doch ein Abstecher Richtung Badia, Ranch da Andre, lohnt sich. In fünf Minuten ist die urige Einkehr erreicht, bodenständige Kost, frisch zubereitet, zum Beispiel „Kiachl mit Preiselbeeren", dazu das überwältigende Panorama, lassen die Wanderung auf angenehme Weise ausklingen.

Sumpfdotterblume

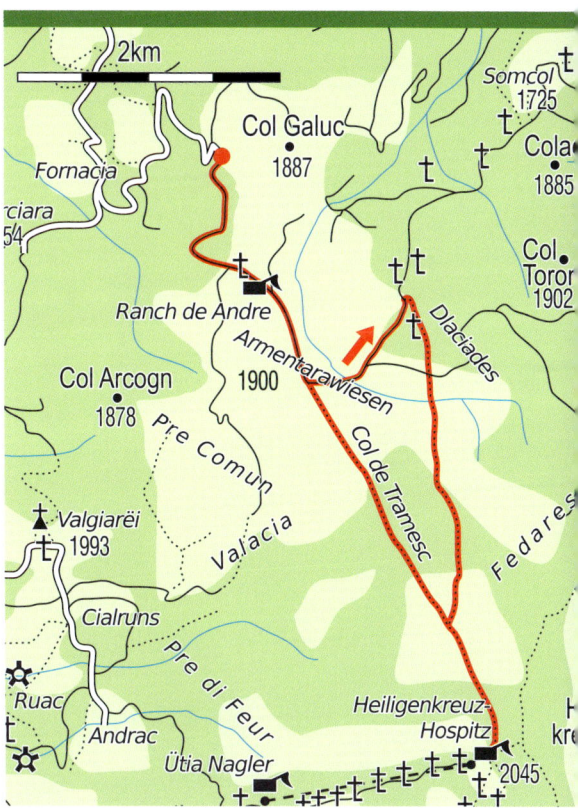

START: Parkplatz oberhalb Fornacia (1.720 m)

KURZFASSUNG: Parkplatz Fornacia, über Armentara-Wiesen zum Kreuzweg Hospiz, auf Weg 15a zurück

HÖCHSTE WEGSTELLE: Hospiz (2.040 m)

HÖHENUNTERSCHIED: 300 m

REINE GEHZEIT: 5 Stunden

SCHWIERIGKEIT: ❀ ❀

TOURISMUS-INFO: 0039/471/847037

TIPP: Auch als Herbstzeitlosen-Ziel im September zu empfehlen

Der Lift von Pedraces zum Heiligkreuz-Hospiz bietet eine mühelose Aufstiegshilfe zu den Wiesen

Im blauen Sternchenmeer

7

Frühlings-Enzian

Gentianella ciliata
Familie: Enziangewächse
(Gentianaceae)

An blauviolette, unschuldige Mädchenaugen erinnern die Frühlings-Enziane, die unter dem Namen Schusternagerl landauf, landab bekannt und beliebt sind. Von März bis Juli verzieren ihre windradähnlichen Blütensterne als Inbegriff des Bergfrühlings Wegböschungen und ungedüngte Matten aufs Schönste. Sie treiben Knospe um Knospe im Überfluss und steigen vom Tal bis auf 2.900 Meter Höhe, weitverbreitet von Westeuropa bis Irland, England, Polen und Asien.

Frühlings-Enzian

Aus den Rosetten bildenden, grundständigen, elliptisch spitz zulaufenden Blättchen mit gut sichtbarem Mittelnerv sprießt der 3 bis 12 Zentimeter hohe, kahle Stängel, an dessen Ende eine tellerförmige, fünfzipfelige Blütenkrone mit röhrigem Kelch sitzt, die durch ihr intensiv tiefblaues Leuchten bezaubert.

Der **Frühlings-Enzian** ist eng verwandt mit dem Bayrischen Enzian und kurzstieligen Enzian, die sehr ähnlich aussehen und in allen möglichen Blau- und Violettönen variieren. Alle Pflanzen dieser Gattung wachsen sehr gesellig. Frisch und spritzig rücken sie dem Enzian, der Kugelblume und der Silberwurz ganz nah, flirten mit Aurikel und Anemone und bestechen durch ihre Bodenständigkeit und Schlichtheit.

Ein kleiner Exkurs in die Kräuterkunde ist hier unumgänglich. Schon bei der Anfahrt ins Campilltal bezaubern die buntesten Blumenwiesen mit all ihren großen und kleinen Schätzen in einer Artenvielfalt, die ihresgleichen sucht. Ein sicheres Zeichen, dass hier nicht gedüngt wird und die Bauern mit weniger zufrieden sind. Oder ist weniger mehr?

Im Wildkräutergarten am Mühlenweg ist fast jedes Kräutlein präsent und die Heilkräfte, die von den Pflanzen ausgehen, kann man förmlich spüren.

Stolz begrüßt uns die Brennnessel, gleich am Wegrand, von Kopf bis Fuß soll sie heilen, sagt man ihr nach. Gleich daneben Guter Heinrich und Klappertopf, als Spinat des armen Mannes bekannt, Heerscharen von Frauenmäntelchen mit dem schönen Tautropfen in der Blattmitte, heilend für Frauen in jedem Alter. Die gelben Pölsterchen der Blutwurz mit ganz kleinen Blüten und filigranen Blättchen sollen das Zahnfleisch festigen, und die rosaroten des Thymian wirken auf Lunge, Magen und Darm krampflösend und desinfizierend. Helles Zitronengelb sticht ins Auge, es ist das Habichtskraut, das manche Stellen flächendeckend überzieht. Die getrockneten Köpfchen gebe ich schon allein der Farbe wegen in den Tee, seine Heilkraft hält sich in Grenzen.

Es ist gerade Vollmond, die Kräuter stehen also im besten Saft, und mich kribbelt es in den Fingern. So gerne möchte ich eine Handvoll sammeln für eine gute Suppe, einen Kaltauszug, etwas Topfen-

aufstrich oder eine Tasse Tee, doch wir haben noch eine lange Wanderung vor uns und ich verschiebe es auf später. Doch das wunderbare Rezept der Brennnesselsuppe begleitet mich noch kurze Zeit, bis mich der Massenauftritt der Schusternagerl in den Bann zieht.

Rezept für zwei Personen:

2 Faustvoll Brennnesseln ganz kurz in kochendem Wasser blanchieren und Sud abgießen.
1 EL kalt gepresstes Olivenöl erhitzen, mit 1 EL Mehl stäuben und ¼ Liter Wasser aufgießen.
Salz, Pfeffer, Muskat, wenig Suppengewürz, 2 zerdrückte Knoblauchzehen, 1 KL Crème fraîche.
Brennnesseln zur leichten Einbrenn geben und mit Pürierstab mixen – in fünf Minuten fertig!

Blick über verblühte Frühlings-Küchenschellen auf die Fanesgruppe

Fast wie im Mittelalter

Wären da nicht die schmalen, asphaltierten Fahrwege steil hinauf, der Allrad Panda vor dem Haus, Ö3 aus dem Radio in der Küche, man könnte meinen, die Zeit sei hier schon lange stehengeblieben.

Zusammengedrängt stehen 10 bis 12 Gebäude, jedes blickt in eine andere Richtung. Die Wohnhäuser sind unten steingemauert, grell weiß gekalkt, der Oberteil ist aus Holz. Über Generationen sind sie braun gebrannt, die Dächer mit selbst gespaltenen Lärchenschindeln gedeckt, an der Frontseite der charakteristische, zierliche, dreieckige Walm. Gleich darunter steht der Trockensöller, der in guten Jahren mit Maiskolben zum Trocknen behangen ist. Rein aus Holz gebaut und hie und da leider verfallen sind die Stadel, daneben finden sich auch heute noch die hölzernen Gestänge zum raschen Trocknen des Heus auf den feuchten Wiesen, Harpfen und auf Ladinisch „fava" genannt .

Mit Platz ging man sparsam um, schließlich musste man noch so kleine Flecken nutzen. Die kompakte Bauweise der Weiler gab zudem ein warmes Gefühl der Sicherheit. Der gemeinsame Brunnen und der Backofen dienten allen, die Nutzungszeiten waren meist eingeteilt, hier traf man sich nach Feierabend zum Gedankenaustausch.

Gar manches musste besprochen und abgestimmt werden. Denn diese Kleinformen der Siedlung, die Viles, waren zwar fast autark, doch Milch und Honig flossen hier nicht. Viel eher floss da schon einmal der Boden, wenn man die Wälder zu rigoros abgeholzt hatte und die Flä-

Eine der zahlreichen Mühlen

chen über den Höfen durch Beweidung zu starkem Druck ausgesetzt waren. Da genügte ein Starkregen, und die Landschaft war plötzlich wie verändert.

Doch meist setzt sich die jahrhundertealte Tradition nachhaltiger Bewirtschaftung durch. Der Bauer kennt den Jahreslauf der Vegetation und richtet sich danach. Feuchtere Wiesen im Talgrund sind die erste Weide nach dem langen Winter, die Flächen um die Gehöfte sind traditionell Gärten, Äcker, erst dann auch Wiesen. Schrittweise werden dann Almen und Mähder genutzt, heute freilich von Wirtschaftswegen erschlossen.

Das ausgewogene Zusammenspiel von Ackerbau mit seinen Getreiden, Flachs und Hanf, sowie Bohnen und der Viehzucht, mit allen ihren zum Teil auch weiterverkauften Produkten, ermöglichte in den Seitentälern und Hochlagen das Überleben der ländlichen Bevölkerung.

Neuzeitliche Bauten sind hier noch eher selten, dafür sorgt auch das Schutz- und Förderungsprogamm der Landesregierung. Dieses hat auch die sehenswerten Mühlen bei den Weilern im hintersten Tal von Campill/Lungiarü renoviert und mit

Hufeisenklee

Thymian

interessanten Schautafeln ausgestattet. Man staunt ob der ausgeklügelten Technik, erdacht und erbaut von vermeintlich einfachen Bauern.

Das vergessene Tal
(Naturpark Puez-Geisler)

Anfahrt über Brennerautobahn A22, Ausfahrt Brixen/Pustertal, weiter auf der Pustertalerstraße E66 bis St. Lorenzen, auf der Gadertalerstraße 244 nach St. Martin in Thurn und Campill, am Rande des Naturparks Puez-Geisler. Nach dem Dorf befindet sich ein Parkplatz (490 Meter).

Das innerste Campilltal ist die Pforte zu einigen der schönsten Wiesen des Alpenraumes. Bereits der Beginn der Wanderung stimmt romantisch. Vom Parkplatz führt eine Asphaltstraße in wenigen Minuten zum Weiler Seres. Die Häuser, Höfe und Wirtschaftsgebäude von Seres erinnern an längst vergangene Zeiten, als sich die Rätoromanen in entlegene Täler zurückzogen. Die typische Siedlungsform in „Viles" genannten Weilern und die Mühlen links des Weges entlang dem Seresbach erzählen von schlichten, doch erfinderischen Bauern, die weitgehend autark lebten.

Der Weg beginnt leicht ansteigend, vorbei an den Mühlen, links unten der Bach, rechts feuchte Wiesen, immer wieder unterbrochen von trockenen Schutt- und Schwemmkegeln mit leuchtend gelbem Hufeisen- und Hornklee überzogen, und überhaupt mit unterschiedlichster Flora auf kleinstem Raum. Besonders auffällig ist hier die Vielfalt der verschiedensten Heilkräuter, wie oben beschrieben.

Der Fahrweg wird steiler, rechts hängt der vermurte Hang, ein Hinweis auf das empfindliche Gleichgewicht zwischen lockerem Gesteinsmaterial und destabilisierender Durchfeuchtung. Vom Weg 4, der uns Richtung Schlüter-Hütte/Kreuzkofeljoch führt, zweigt bald nach rechts der Weg zur Vaciara-Hütte ab. Wir halten uns aber links und ebenso etwas später, wenn Weg 35 zum Peitlerkofel angezeigt wird. Hohlwegartig steigt der Wanderweg nun recht kräftig an, immer in einem der nun trockenen, früheren Bachbetten. Beim weiteren Aufstieg treten neben die Lärche Weiden, Almrosen und mit zunehmender Höhe immer mehr die Zirbe, majestätisch in ihrem dunklen Kleid, mit den typischen fünf Nadeln in der Scheide, vielfach mit grau-grün leuchtenden

Flechten behangen, einem Indikator für saubere Luft.

Die Zirben werden mächtiger, der Unterwuchs weicht zurück, unser treuer Begleiter, das dunkellila Lungenkraut, den Einheimischen als blaues Himmelschlüsserl und als Heilpflanze für Lungenleiden bekannt, leuchtet noch einmal kräftig auf, bevor es verlischt.

Der Weg verlässt den Wald, der Almboden ist erreicht. Vor uns eine massive neue Blockhütte – von hier aus führt ein kürzlich erbauter Wirtschaftsweg zur Vacaria-Hütte am Fuß des Peitlerkofels.

Doch vorerst gilt unsere ganze Aufmerksamkeit den blütenübersäten, duftenden Almwiesen, mit extrem steilen Hängen, schmalen Bächlein, moorigen Senken und sanften, runden, trockenen Kuppen.

Im Laufe unserer Blütenwanderungen begegnen wir den verschiedensten Blumenkleidern. Von drapiert über gerüscht, bis gerafft und bestickt – eine einzige Liebeserklärung an die Natur. Diesmal überraschen kräftig azurblaue Glocken der Stängellosen Enziane und tausende Schusternagerl in der Farbe des Himmels. Beide haben Mut aufzufallen und präsentieren sich mit markanten Blüten als eine der Ersten, bevor alle anderen ans Licht treten. Über uns die Spitzen der Puez- und Geislergruppe. Links die felsigen Wände des Zwischenkofels, rechts der massige Peitlerkofel. Zum Fuß des Letzteren führt uns nun der erwähnte Fahrweg auf die ebenso blumengeschmückten Peitlerwiesen und zur Vaciara-Hütte, die aber bis Mitte Juni geschlossen ist. Wir merken uns bereits beim Hinweg die Abzweigung 4a/b, die vom Fahrweg steil hinunter zum Weg Nr. 4 und zum Mühlenweg zurückführt.

START: Seres (1.668 m)

KURZFASSUNG: Seres, Mühlenweg, Almwiesen unter Kreukofeljoch, Peitlerwiesen, Vaciara-Hütte, Seres

HÖCHSTE WEGSTELLE: Almwiesen (ca. 2.100 m)

HÖHENUNTERSCHIED: 400 m

REINE GEHZEIT: 6 Stunden

SCHWIERIGKEIT: ❀ ❀ ❀

TOURISMUS-INFO: 0039/474/523175

TIPP: Einkehr in der Speckstube Tlisora am Beginn des Mühlenweges

Große Vorkommen von Herbstzeitlosen im September

Wolkenweiße Glöckchen klingen

8

Maiglöckchen

Convallaria majalis L.
Familie: Liliengewächse
(Liliaceae)

Weitverbreitet und sehr gesellig wachsend, sind die Maiglöckchen ein reizender Schmuck unserer Wälder. Sie läuten zwischen April und Juni mit ihren schneeweißen, duftenden Glöckchen den Sommer ein. Als Sinnbild erdgebundener Schönheit war das Maiglöckchen bei unseren germanischen Vorgängern der Frühlingsgöttin Ostara geweiht, und später zählte es zu den Marienblumen, die Liebe, Demut und Bescheidenheit der Heiligen Mutter Gottes symbolisieren sollten.

In lichten Laubwäldern durchbrechen im späten Frühjahr die grünen Sprossen, die das tief wurzelnde Rhizom bildet, den Erdboden. Der glatte, blattlose Blütenstiel wird von zwei dunkelgrünen, oberseits glänzenden, lanzettlich geformten Laubblättern eingehüllt, die eine Größe von 10 bis 25 Zentimetern erreichen. Die parallel laufenden Blattnerven verraten uns die Familienzugehörigkeit der Liliengewächse. Der Stiel trägt fünf bis zehn nickende, alle auf eine Seite gewandte Glockenblüten. Jede einzelne hängt blütenweiß und sechszipfelig an kleinen Blütenstielchen. Ihr intensiver, süßlicher Duft ist seit jeher das Markenzeichen des Maiglöckchens. Nachdem die Insekten die Bestäubung übernommen haben, wachsen die Fruchtkno-

Maiglöckchen

ten bis zum Herbst zu leuchtend roten, erbsengroßen Beeren heran, über die sich besonders die Waldvögel freuen, die dann für die Verbreitung sorgen.

Schönheit und Duft dürfen uns nicht darüber hinwegtäuschen, dass das **Maiglöckchen** in all seinen Pflanzenteilen giftig, doch richtig angewandt, zugleich eine große Heilpflanze ist. Früher dachten die Ärzte, jede Krankheit damit behandeln zu können, die Anwendung in der Homöopathie, als Herzmittel, hat sich bis heute bewährt.

Größte Vorsicht ist beim Pflücken von Bärlauchblättern geboten, sie sehen denen vom Maiglöckchen sehr ähnlich und beide haben meist ähnliche Standorte. Der Bärlauch kommt mit EINEM Blatt, das

Maiglöckchen mit einem DOPPELBLATT aus dem Boden. Beim Zerreiben riecht das Bärlauchblatt stark nach Knoblauch. Um Vergiftungen zu vermeiden, gilt die goldene Regel: „Pflücke Bärlauch nur Blatt für Blatt"!

Fühlen, sehen, riechen
Das sind die Sinne, die uns die Welt erschließen

Was gibt es Schöneres, als in klarer Bergluft dem Duft der Pflanzen zu begegnen? Sei es der unvergleichliche Frühlingsgeruch von Leberblümchen und Himmelschlüsseln, der süßliche von Lilien und Maiglöckchen, oder der an Vanille erinnernde des Kohlröschens, um nur einige zu nennen. Gerüche wecken in uns Gefühle, Zusammenhänge und vor allem Erinnerungen. Sie schenken romantische Träume, machen den Kopf frei für kluge

Gedanken, sorgen für Frieden, wecken Appetit, ja manchmal „lullen" sie all unsere Sinne ein. Bei Aufnahme dieser Wohlgerüche habe ich immer das Gefühl, als würde der Himmel atmen.

Doch wie entsteht dieser Duft? Es sind die ätherischen Öle, die in Form kleinster Tropfen in Blüten, Samen, Nadeln, Blättern, Stängeln, Wurzeln oder Schalen eingelagert sind. Sie sind das Wesen einer Pflanze in seiner feinsten und flüchtigsten Form und sind somit ihr kostbarstes Geschenk an uns. Ätherische Öle werden durch sanfte, schonende Methoden aus den Pflanzen gewonnen und über den Atem und die Haut vom Körper aufgenommen. So entstand auch die Heilkunst der Düfte, die sich mit der Anwendung ätherischer Öle in Form von Duftkerzen oder -stäbchen, Duftbädern und Massagen beschäftigt.

Dieses Wissen ist alt. Die heilsame Kraft wohlriechender Essenzen wird seit Jahr-

Tretsee

tausenden, schon von den frühen Hoch-
kulturen in Mesopotamien und Ägypten,
verwendet. Ätherische Öle in Form von
Rauch (zum Beispiel Weihrauch, aus dem
das Wort Parfum, also Duftmischungen in
allen Nuancen, abgeleitet wurde) unter-
malten vor allem die verschiedensten Ri-
tuale, dienten aber auch therapeutischen
Zwecken.

Die Parallelwelt

Ein bekannter Südtiroler Bergsteiger, oft
als Vordenker und Philosoph bezeichnet,
verwendete kürzlich den Ausdruck von
der notwendigen Entschleunigung der Alpen. Am Deutschnonsberg hat sie schon
immer stattgefunden.

Paradieslilie

Abgetrennt vom restlichen deutsch-
sprachlichen Südtirol, liegt die Region wie eine Enklave im Welschtirol der
Monarchie vergangener Tage. Dass man
kirchlich an den südlichen Nachbarn an-
gegliedert war, regte niemanden auf. Die
Verbindung nach Norden war zwar seit
Jahrhunderten gegeben, aber viel mehr
als ein Saumpfad war sie wohl nie, wenn
auch schon römische Soldaten offensicht-
lich den Gampenpass benutzten.

Doch ein Hospiz gab es auch einmal.
Und zwar, um erschöpften Wanderern
Unterkunft und Speise zu geben, ja sogar,
um sie bei unfreundlicher Witterung ein
Stück des Weges zu begleiten. Allzu oft
war das kaum der Fall, und schließlich
wurde das Hospiz aufgelassen. Heute ist
dort ein Gasthaus.

Auch dieses pflegt eher einen unhek-
tischen Stil, wie auch die knappe Handvoll der anderen Gastronomiebetriebe.
Die haben sich übrigens als kulinarische

Sensation im Frühjahr Löwenzahnwochen
ausgedacht. Nicht gerade atemberaubend
und keineswegs Molekularküche, dafür
wirklich zurück zu den Wurzeln, könnte
man sagen.

Der Deutschnonsberger ist freundlich,
aber nicht gerade übersprudelnd kommu-
nikativ. Das ist auch nicht nötig, denn der
Weg zum Tretsee ist rasch erklärt, ebenso
der zum Wasserfall, und die Laugenspitze
wird mit einem Fingerzeig angedeutet.

Wenn man nach den Bären fragt,
kommt freilich ein Glitzern in die Augen
und Bewegung in die sonst ruhigen Züge.
„Sell woll, den haben wellne gesehen",
die es einem Bekannten des Nachbarn erzählt haben. Und die gerissenen Schafe
hat der Jäger selbst untersucht, die Biss-
spuren sind eindeutig vom Braunen.

Dass sich der wandernde Bär hier
wohlfühlt, kann man verstehen. Abseits
der Wanderwege ist es ruhig. Zu ruhig
vielleicht für den überdrehten Städter, der
immer neue Attraktionen sucht. Aber gerade richtig für den Erholungsuchenden,
dem zu viel touristischer Rummel schon
längst auf die Nerven geht.

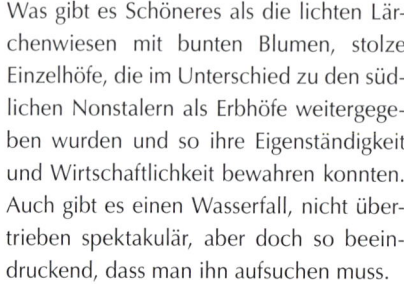

Kleine Stendelwurz

Brillenschötchen

Was gibt es Schöneres als die lichten Lärchenwiesen mit bunten Blumen, stolze Einzelhöfe, die im Unterschied zu den südlichen Nonstalern als Erbhöfe weitergegeben wurden und so ihre Eigenständigkeit und Wirtschaftlichkeit bewahren konnten. Auch gibt es einen Wasserfall, nicht übertrieben spektakulär, aber doch so beeindruckend, dass man ihn aufsuchen muss.

Die stillen Dörfchen, jedes vom Kirchturm überragt, die Altäre geschnitzt, manche von barocker Pracht, ziehen schon lange gläubige Menschen hierher, und man kann sich leicht vorstellen, dass sie den frommen Wunsch der Gemeinde, man solle den Weiler „Unsere Liebe Frau im Walde" ins Abendgebet einschließen, gerne befolgen. Nicht zu vergessen, dass der Ort mit der Christophorus Kirche, gewidmet dem Schutzheiligen der Reisenden, den verheißungsvollen Namen St. Felix trägt.

Duft und Formschönheit setzen edle Akzente am Tretsee

Auf der Brennerautobahn A22 bis Bozen Süd, auf der Schnellstraße 38 bis Meran Süd über Lana zum Gampenpass und St. Felix, links Abzweigung zum Parkplatz, circa einen Kilometer.

Sind Sie bereit für ein Festival der Blüten? Dann sollten Sie im Juni zum Tretsee wandern. Eigentlich ist es kein Wandern, eher ein Dahinschlendern, Stehen und Staunen. Der Felixer Weiher, nach dem nahe gelegenen Weiler auch Tretsee genannt, liegt inmitten von prächtigen Lärchenwäldern und Wiesen. Selten sieht man so viele verschiedene Pflanzen zur selben Zeit in Blüte stehen. Überall leuchten sie uns in den schönsten Farben entgegen und sorgen für Sommerlaune unter blauem Himmel. Bereits bei der kurzen Auffahrt zum See überraschen die buntesten Blumenwiesen. Lila-blauer Wiesensalbei tut sich mit dem champagnerfärbigen Mädesüß und die rote Kuckuckslichtnelke mit den hell- bis tief-rosa Kronwicken zusammen. Dazwischen mischen sich Margerite und Witwenblume, lila Storchschnabel und als Bodendecker fast lückenlos der zottige Klappertopf in hellem Gelb. Teils als Fahrweg, dann auf dem ursprünglichen Fußweg, nicht zuletzt auf den unzähligen Steigen und einzelnen Traktorspuren führt der markierte Weg Nr. 9 über 200 Höhenmeter hinauf zum See.

Tausende Maiglöckchen verwöhnen mit ihrer unverkennbaren Duftnote: viele verschiedene Arten von Orchideen, die alle unter strengem Naturschutz stehen, vor allem aber die bizarren weißen Blüten der Ständelwurz, die besonders nachts einen starken Vanilleduft verströmen und Nachtfalter anziehen. Meist steht sie einzeln und kommt so in ihrer ganzen Pracht zur Geltung. Ganz anders das hellgelbe Brillenschötchen, vom Wind etwas zerzaust, bereitet es schon jetzt seine Fruchtstände in Form von brillenförmigen, flachgedrückten Schötchen vor, noch grün, im Herbst schwarz-braun. Alles andere überragend, besticht das gelb blühende Waldhabichtskraut mit unzähligen Blüten allein schon seiner Größe wegen.

Etwas später, gegen Ende Juni, kann sich das botanische Auge an der Weißen Paradieslilie erfreuen, die in strahlendem Weiß in den Lärchenwiesen steht.

Müssten wir nicht immer wieder innehalten, das Ziel wäre bald erreicht. Spiegelglatt liegt der dunkle, leicht moorige See in der Senke, gegen Osten durch

START: Parkplatz bei St. Felix (1.400 m)

KURZFASSUNG: Parkplatz Felixer Weiher und zurück

HÖCHSTE WEGSTELLE: Gasthaus Waldesruh (1.604 m)

HÖHENUNTERSCHIED: 200 m

REINE GEHZEIT: 2 Stunden

SCHWIERIGKEIT: ❀

TOURISMUS-INFO: 0039/463/530088

TIPP: Auch im Herbst sind die goldenen Lärchenwiesen eine Wanderung wert

einen Damm unterstützt und aufgestaut. Eine Umrundung bietet sich an, vielleicht auch ein erfrischendes Bad, bevor man im nahe gelegenen Gasthaus Waldruhe einkehrt. Der Weg zurück kann als Runde über den Fahrweg erfolgen und führt direkt zurück zum Parkplatz.

Dottergelbe Blütenbälle

9

Trollblume

Butterblume

Trollius europaeus

Familie: Hahnenfußgewächse

(Ranunculaceae)

Meist in dicht gedrängten Gruppen stehend, an Quell- und Wasserläufen, auf dauerfeuchten, nährstoffreichen Moor- und Waldwiesen, bietet die Trollblume mit ihren goldgelben Blütenkugeln im saftigen Grün der Wiese einen attraktiven Anblick. Sie stammt aus Europa, kommt in den Mittelgebirgen und Alpen vor und gedeiht bis auf Höhen von 3.000 Metern.

Trollblume

Der bis zu 70 Zentimeter hohe, kräftige Blütenstängel der mehrjährigen Hochstaude trägt jeweils am Ende eine schwach duftende, bis zu tischtennisballgroße Blüte aus 12 bis 15 intensiv gelben Kelchblättern, die sich bei Regen und schlechtem Wetter kugelig übereinanderlegen und eine Kuppel bilden. Geradezu geschaffen für Insekten, die in diesem kleinen Goldpalast, von Blütenstaub und Honig umgeben, ihre Herberge finden und gleichzeitig die Bestäubung übernehmen. Winzigen Blumenfliegen dient sie als Brutstätte für ihre Eier, und die geschlüpften Larven ernähren sich von den Samen. Nach der Blütezeit, je nach Höhenlage von Mai bis Juli, bilden sich braune, ledrige Kapseln, die aufspringen und kleine, schwarze Samen freigeben. Die oberseitig dunkelgrünen, unterseitig etwas helleren Blätter sind „hahnenfußartig", fünfteilig mit spitzen Enden, und wie alle Hahnenfußgewächse ist auch die Trollblume giftig. Für den Bauern ist sie ein lästiges Unkraut, weil vom Weidevieh verschmäht. Sie gilt als gefährdet und ist deshalb teilweise geschützt.

Ein Landeplatz im Goldpalast! Welch herrliches Leben, umgeben von Blütenstaub, süßem Nektar und Blumenduft, ein Schlaraffenland für Insekten.

An warmen sonnigen Tagen faltet sich die Blüte der **Trollblume** etwas auseinander, um Fliegen, Schmetterlingen und Käfern den Zugang in ihr Inneres frei zu machen. Kräftige Hummeln und Bienen zwängen sich sogar durch die geschlossenen Kronblätter, um an die süße Nahrung zu kommen.

Alpine Blumenwiesen gleichen in gewisser Weise Marktplätzen, wo die Produkte der Pflanzen – Nektar und Pollen – gegen die Dienstleistungen der Insekten – Bestäubung – getauscht werden, wobei die Pflanzen mit der Farbenpracht ihrer Blüten kräftig die Werbetrommel rühren.

Da gibt es welche, die ihren Honig in glänzenden Tröpfchen und frei zugänglich für jedermann bereithalten. Andere Blumen halten ihn gut versteckt und locken die für sie so wichtigen Gäste mit spektakulären Farben und Düften an. Knabenkraut, Akelei oder Veilchen haben ein Blütenblatt mit Honigsporn. Die Insekten zwängen sich in den Blütenschlund, vorbei an Narbe und Staubbeuteln, um schlussendlich an den begehrten

süßen Tropfen zu gelangen, mit der Gegenleistung effizienter Bestäubung.

Wie immer und überall gibt es auch hier die schlauen Räuber. Es sind die Ameisen, die es sich sehr einfach machen. Mit einem Biss in den Sporn ist die Honigkammer geleert, und den Pollen zu übertragen, um Pflanzenbestände zu sichern, kommt ihnen nicht in den Sinn.

Wie schicksalhaft in der Natur alles verbunden ist – und wie viele tausend Zufälle stimmen müssen, dass aus dem kleinsten Samen eine blühende Pflanze wird.

Der Agatha-Christie-Weg

Dass ein Weg zu Füßen des Latemar nach der Grande Dame des Kriminalromans benannt ist, hat seinen guten Grund.

Latemaralm

Silberwurz

Agathaweg

Nach einem Aufenthalt im Hotel Karersee in den 1920er Jahren baute sie die eindrucksvolle Szenerie in die Auflösung einer Hercule-Poirot-Geschichte ein. Der Roman ist zwar nicht einer ihrer besten und spannendsten, der Schauplatz jedoch ist spektakulär, und ein Resümee mag demjenigen hilfreich sein, der eine Erklärung sucht, den Krimi jedoch meidet.

Die großen Vier, allesamt Unholde der ersten Kategorie, wenngleich von der Öffentlichkeit nicht als solche wahrgenommen, planen die Unterjochung und Beherrschung der Welt. Wer sonst als der findige, pfiffige Hercule Poirot kann ihre Pläne durchkreuzen? Assistiert und zugleich behindert wird er von seinem treuen Major Hastings. Um die Weltverschwörung zu stoppen, ist es unerlässlich, in das geheime Hauptquartier der Viererbande einzudringen. Dass zu diesem Zweck Hastings K. O.-Tropfen schlucken muss, ist unvermeidlich, die Narbe, die sich Poirot schon Monate vorher zufügen ließ, um schließlich als sein eigener, wenngleich verunstalteter Zwillingsbruder durchzugehen, ist ein cleverer Trick der Autorin.

Da verwundert es nicht, wenn dem Anstieg durch den finsteren Tann ein halsbrecherisches Klimmen im Berghang folgt. Man meint sich schon verloren, zu verwirrend ist die Abfolge von großen und kleinen Felsbrocken, die Formen bizarr, wie von einem diabolischen Bildhauer geschaffen und in einem dämonischen Irrgarten verstreut.

Mit Hilfe eines verborgenen, geheimnisvollen Mechanismus wird ein mächtiger Felsbrocken beiseitegeschoben. Durch das versteckte Tor geht es in einen Tunnel, dieser schließt sich hinter den scheinbar Verlorenen. Wie sollen sie je gefunden werden, wer soll ihnen folgen? Die Antwort ist einfach. Man appliziere etwas Anisöl an seine Schuhsohlen, und jeder einigermaßen begabte Spürhund wird seine Aufgabe mit Begeisterung lösen. Doch zuvor muss man dem unterirdischen Gefängnis entkommen. Da macht es sich bezahlt, dass Poirot das tot geglaubte Kind der Wächterin aufgespürt und in Sicherheit gebracht hat.

Die Flucht gelingt; kaum ist der Tunnel verlassen, ertönen heftige Explosionen, die Felsen der Gepläng Lahn begraben das unheimliche Hauptquartier und die

Labyrinth

Kratzdistel

Verbrecher. Der Oberhalunke Li Chang Yen freilich ist nicht unter den Verschütteten. Von seinem verzweifelten Ausweg erfährt man später aus der Presse nur, dass der chinesische Staatslenker unter mysteriösen Umständen verschieden ist.

Hastings und Poirot werden von den getreuen Gehilfen und ihren Hunden am Waldrand freudig begrüßt.

Die Welt ist gerettet, die Gerechtigkeit hat gesiegt, was ohne die überragenden grauen Zellen des tapferen, kleinen Detektivs geschehen wäre, bleibt der Fantasie überlassen.

Zu Füßen des Latemar kehrt wieder die himmlische Ruhe ein, die der passionierte Wanderer so schätzt.

Das Sommerkleid der Latemarwiesen
(Nahbereich Naturpark Schlern-Rosengarten)

Auf der Brennerautobahn A22 bis zur Ausfahrt Bozen Nord, durch das Eggental über Welschnofen zum Karerpass. Großer Parkplatz gegenüber dem Hotel Savoj.

Vom Parkplatz führt Weg 17 durch den Wald, ebenso wie der neu angelegte Fahrweg neben der Skipiste, hinauf zu den Latemarwiesen. Wir erreichen die mit dem satten Gelb der Trollblumen übersäten Matten nach etwa 45 Minuten und durchqueren sie auf einem schmalen Wiesenpfad in westlicher Richtung. Tausende Sonnen leuchten goldgelb aus dem satten Grün. In der Nähe des Kreuzes mit Bank weist eine Tafel talwärts, zum Hotel Karersee / Labyrinth Weg 13. In wenigen Minuten wird das unterhalb liegende Almgebiet mit der urigen Hütte passiert, Weg 18/20 führt zum Labyrinth. Wir halten uns links und folgen dem roten Pfeil durch den Fichtenwald unterhalb der Alm.

Dekorativ, aber sehr giftig, steht der mächtige Weiße Germer in den Hochstaudenfluren und schmückt sie mit seinem aufrechten Wuchs und den unzähligen Lilienblüten in hellem Limettengrün. Schon der Hinweg steht im Zeichen der Felsen des Latemar. Grau-weiß thronen sie über den dunklen Fichten und grüngelben Wiesen, mächtige Felstürme und Schrofen, doch nur scheinbar unerschütterlich. Der Vorgang der Dolomitisierung hat das Sediment dieser Kalke nicht erfasst, sie sind wesentlich brüchiger als ihre verwandten Dolomitgesteine. Was des Kletterers Leid, ist des Romantikers Freud. Nicht umsonst ließ sich die Großmeisterin des Kriminalromans, Agatha Christie, auch hier gerne inspirieren. Doch keine Angst. Wer gut zu Fuß ist und den rechten Pfad nicht verlässt, hat hier nichts zu befürchten. Höchstens Nebel und Schlechtwetter bergen Gefahren.

Über steinerne Treppchen und schmale Durchgänge wandern wir, schroffe Brocken sind blumig gewandet. Die cremeweißen Sterne der Silberwurz sind es, die üppig in Blüte stehen und den Steinen ein Kleid geben. Immer im Anblick der grauen Schutthalden, den Schneeresten des Winters, darüber die Türme und Spitzen des sagenumwobenen Latemar, geht es schließlich zum Ausgang.

Der Steig quert nun zahlreiche Buckel und Rinnen im weitläufigen Schuttkegel und Murfächer, die von der Wildheit nicht nur des Felssturzes, sondern auch der seltenen Starkregen Zeugnis ablegen, und führt unvermittelt in die Wiesen des Mittelleger. Plötzlich steht ein mächtiger Felsbrocken vor dem Wanderer. Wir halten uns rechts, nach etwa 80 Metern wieder rechts, und nehmen Weg 21 zum Karerpass. Fast eben führt zunächst ein Pfad, der später in einen Forstweg mündet, im Schatten der Fichtenwälder mit ihren schönen Blattschmuckpflanzen wie der Pestwurz, die gerade dabei ist, ihre Schirmchen für den Flug vorzubereiten, um sich wieder zu vermehren, und der Kratzdistel, die ihre Körbchenblüten besonders auf den Kahlschlägen horstartig ausbreitet und mit geballter dunkel-violetter Strahlkraft Schmetterlinge und Insekten lockt, zurück zum Ausgangspunkt.

Pestwurz

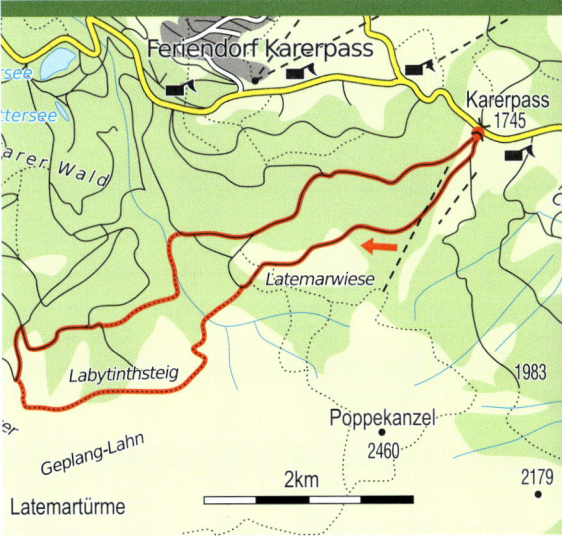

START: Karerpass (1.752 m)

KURZFASSUNG: Karerpass, Latemarwiesen, Labyrinth, Mitterleger, Karerpass

HÖCHSTE WEGSTELLE: Labyrinth (2.000 m)

HÖHENUNTERSCHIED: 250 m

REINE GEHZEIT: 4,5 Stunden

SCHWIERIGKEIT: ❀ ❀ ❀

TOURISMUS-INFO: 0471/613 126

TIPP: Karersee

Abendlektüre: Die großen Vier (The Big Four) von Agatha Christie

Edle Glanzstücke im Canyon

10

Frauenschuh

Cypripedium calceolus L.
Familie: Orchideen
(Orchidaceae)

In vollendeter Schönheit wächst der Frauenschuh einzeln und gruppenweise in lichten Laub- und Kiefernwäldern, manchmal auch angrenzenden Wiesen und feuchten Schluchten, bis auf die Höhe der Almen, auf wasserdurchlässigen Kalkschuttböden.

Der bis zu 60 Zentimeter hohe Stängel trägt meist eine, selten zwei oder sogar drei Blüten und ist mit großen, breiten, eiförmigen, stark längsrilligen Blättern besetzt.

Die zwei äußeren, breiteren von den sechs granatfarbenen Blütenblättern sind verwachsen, die zwei inneren, schmäleren, stehen zu beiden Seiten leicht verdreht nach außen, und die restlichen zwei bilden eine hellgelbe Lippe in Form eines bauchig aufgeblasenen, circa vier Zentimeter langen, abgerundeten Holzschuhs – aus dem die Blüte kommt. Durch die gelbe Färbung der Insektenfalle angelockt, fällt der Besucher in das Innere des Schuhs und beim Durchschlüpfen des engen Ausganges kommt es zur Bestäubung. Nach der Blüte, im Mai und Juni, wird der Frauenschuh durch die feinen 40.000 Samen, die eine einzige Kapsel trägt, verbreitet, wobei diese Art in Mitteleuropa einzigartig ist. Die wohl schönste wild-

Frauenschuh

wachsende Orchidee Europas zählt zu den absoluten Raritäten, und ihr Bestand ist gefährdet.

Wenn im Tal das erste Mal gemäht wird, der frische Heuduft in der Luft liegt und die Hollerstauden zu blühen beginnen, ist es für mich ein sicheres Zeichen, dass die prachtvollste aller Orchideen in den Schluchten darauf wartet, von uns entdeckt zu werden.

Wen zieht es da nicht hinaus zu den alt überlieferten, geheimnisvollen Plätzchen, wo sich schon so mancher an dem glanzvollen Auftritt der Frauenschuhe erfreute?

Hier steht er, in den wildromantischen Schluchten, abseits der Wege, immer im Gemisch von Licht und Schatten und trotz des leuchtend gelben Schuhs erstaunlich schwer zu sehen.

Geschützt mit Zeckenspray vergeht kaum ein Jahr, in dem ich nicht zu „meinen" **Frauenschuhen** wandere, um zu schauen und zu staunen und die Blüten an den großen Stöcken zu zählen. Manchmal sind es sechs bis acht, ich habe aber auch schon über 60 bewundert. Auffällig ist, dass die Pflanzen, seit ich denken kann, immer auf dem gleichen Platz stehen. Nur die Samen, die sich aus der Blüte entwickeln, dürfen einmal im Leben eine Reise tun.

Leider lichten sich die Bestände europaweit Jahr für Jahr, da diese Pflanzengruppe sehr sensibel auf jegliche Veränderung ihrer Umgebung reagiert. Fünfzehn Jahre unauffälligen Wachstums müssen vergehen, ehe die erste Blüte erscheint. Deshalb sollte man die Frauenschuhe in Ruhe betrachten, ihre bizarre und doch

vollendete Form genießen und ihr mit Achtung und Ehrfurcht vor der Schöpfung begegnen.

Ein Blick ins Innere

In Europa gibt es nicht viele vergleichbare Aufschlüsse in den Untergrund eines Berges. Zu unterschiedlich erfolgten Hebungen und Senkungen, Verwerfung und Überschiebung. Doch das Gebiet um die heutige Schlucht und das über ihr thronende Weißhorn wurden behutsam gehoben. Zwar auch verwittert und abgetragen, nach dem Abschmelzen der letzten Vereisung aber fein säuberlich vom Bletterbach durchschnitten, das Material wegbefördert, ist der Blick ins Innerste des Berges freigegeben.

Dadurch kommen die wesentlichen Teile des Baukörpers zum Vorschein, der Besucher steht ehrfurchtsvoll staunend vor

Gewitterstimmung über dem Bletterbach

Wallfahrtskirche Weißenstein

den Zeugen der Vergangenheit aus geologischen Zeiträumen. Nur in den Keller vermögen wir nicht zu schauen. Dort läge der uralte Quarzphyllit, ursprünglich ein Sediment, dann durch Hitze und Druck umgewandelt.

Doch das untere Stockwerk ist schon klar ersichtlich. Vor unsagbar langer Zeit nämlich durchbrach glutflüssige Gewalt das kristalline Grundgebirge, breitete sich auf gut 6.000 Quadratkilometern bis zu 2.000 Meter dick aus und erstarrte schließlich. Das Resultat war der bräunlich-rote Bozner Quarzporphyr aus Feldspat, Quarz und Glimmer. Ein hartes, dauerhaftes Gestein, das gerne zu Platten, Pflastern, ja sogar mächtigen Trögen verarbeitet wird.

Doch nichts währt ewig, und so wurden wiederum Schichten des Porphyr in wüstenhaftem Klima verwittert, abgetragen und schließlich durch Wind und periodisch auftretende Flüsse verbracht und abgelagert. Das grau-gelb-grünliche Gestein ist leicht zu bearbeiten und als Grödner Sandstein bei Künstlern beliebt.

Das folgende Absinken im entstehenden Thethysmeer bewirkte Ablagerungen. Zuerst in Küstennähe vom Festland her, darauf deuten fossile Reste von Pflanzen hin. Dann in flache Lagunen, in die Abfolge von Ebbe und Flut, davon stammen wellenförmige Rippelmarken und Gezeitenkanäle. Die Schichten sind abwechslungsreich, sowohl in der Farbe als auch im Fossiliengehalt.

Eine kurzzeitige Hebung des Bodens über den Meeresspiegel brachte die Ablagerung von Konglomeraten.

Doch nun folgt der Schritt, der das heutige Bild in den Dolomiten prägt. In das sinkende Meeresbecken werden mehrere tausend Meter dicke Pakete von Kalken abgelagert, die sich heute als Sarl- und Schlerndolomit zeigen. Spätere Ablagerungen werden im Zuge der Hebung bei der Gebirgsbildung abgetragen.

Das Dach des Weißhorns bleibt, zerklüftet zwar, von eiszeitlichen Gletschern und dem fließenden Wasser modelliert, wie eine Skulptur, von urzeitlichen Giganten in wilder Schönheit geschaffen.

Wildwachsende Orchideen am Bletterbach
(Nahbereich Naturpark Trudener Horn)

Auf der Brennerautobahn A22 bis Ausfahrt Neumarkt/Auer über Montan nach Aldein. Einen Kilometer nach dem Ortszentrum rechts abbiegen, Beschilderung Bletterbach, Lahner Alm. Parkplatz beim Besucherzentrum Bletterbach.

Eine Wanderung in der Bletterbachschlucht und ihrer Umgebung bietet Vielerlei. Vordergründig lockt die Gelegenheit, einen Blick in die Geschichte der Entstehung der Dolomiten zu werfen, doch auch der Blütenfreund kommt keineswegs zu kurz.

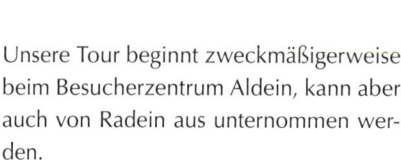
Zweiblütiges Veilchen

Mehlprimel

Unsere Tour beginnt zweckmäßigerweise beim Besucherzentrum Aldein, kann aber auch von Radein aus unternommen werden.

Bei der Infotafel am Parkplatz steigt der Geoweg (Weg 3) hinunter ins Tal des Bletterbaches. Über 16 Stationen wird hier das Fenster in den Bau des Gebirges aufgetan. Vorerst geht es durch Fichtenwälder die Hangschulter abwärts.

Auf dem weiteren Weg siedelt im nassen Quellbereich das überaus zart wirkende weiße Fettkraut mit dicken, fleischigen Blättern, die man früher als Labersatz bei der Käseherstellung verwendete. Man findet es meist in Gemeinschaft mit dem Berggänseblümchen, der rosaroten Mehlprimel und dem zweiblütigen gelben Veilchen.

Bereits hier begegnen dem aufmerksamen Betrachter die ersten Frauenschuhe, geologische Aufschlüsse zeigen den rötlichen Porphyr und braunen Sandstein. Wir erreichen das sogenannte Taubenleck mit roten Porphyrwänden und wandern

schluchtenaufwärts bis zum Wasserfall. Dort, im Butterloch, belohnen mächtige Stöcke der wohl schönsten wildwachsenden Orchidee den Wanderer. Wir zählen unglaubliche 60 Blüten, die aus nur einer Pflanze sprießen, einzigartig in ihrer Farbenpracht sowie dem Vorkommen und der Fülle dieser größten der heimischen Orchideen. Der genaue Betrachter wird am Blatt die Türkenbundlilien erkennen, die sich auf die Blüte erst vorbereiten. Beim Wasserfall hilft eine Eisenstiege, die Höhe zu überwinden. Wer will, kann die Wanderung hier abkürzen und über den querenden Görzsteig via Lahner Alm zurück zum Besucherzentrum gehen. Doch es steht sich dafür, noch weiter in den Canyon vorzudringen, freilich ohne klaren Weg, auf Spuren über die Bachschotter, dem Bett folgend, bis zum Talschluss.

Die Frauenschuhstöcke werden mit zunehmender Höhe kleiner und gedrungener, je weiter wir vordringen, dafür blühen sie dort, an schattigen Plätzen, bis Anfang Juli.

Fettkraut

Seifenkraut

Ein letzter Blick auf den grandiosen Einschnitt, dann geht es, begleitet von den duftig cremeweißen Blüten der Felsenbirnenbüsche, durch das Tal zurück bis zum querenden Görzsteig, der in weiterer Folge als Geoweg zur Lahner Alm und dann zurück zum Besucherzentrum führt.

START: Parkplatz Besucherzentrum Aldein (1.536 m)

KURZFASSUNG: Besucherzentrum, Taubenleck, Butterloch, Besucherzentrum

HÖCHSTE WEGSTELLE: Butterloch – Görz (ca. 1.800 m)

HÖHENUNTERSCHIED: ca. 250 m

REINE GEHZEIT: 4 Stunden

SCHWIERIGKEIT: ❀ ❀

TOURISMUS-INFO: 0471/886800

TIPP: Geomuseum Radein
　　　Wallfahrtskirche Weißenstein

Rote Blütenwolken auf Schritt und Tritt

Rost-Alpenrose

Rhododendron ferrugineum
Familie: Heidekrautgewächse
(Ericaceae)

Die Rost-Alpenrose, in den Alpenländern als Almrausch bekannt, überzieht mit rosa bis kräftig roten Blütendolden die Berghänge auf Urgestein und Schiefer. Je nach Höhenlage blüht sie zwischen Mai und Juli und lässt dadurch die Bergwelt nochmal so schön erscheinen. Die immergrüne, winterharte, verzweigte, bis zu einem Meter hohe Staude steht gerne in Gemeinschaft mit Heidelbeeren auf feuchten, humosen Böden. Längliche, ledrige Blätter sind an der Unterseite mit rostroten Drüsenschuppen versehen, die diesen unverwechselbaren harzigen Duft abgeben. An den Zweigenden erscheinen aus einer zapfenartigen Knospe fünfzipfelige Blütenglocken, die in Trauben zu vier bis acht zusammenstehen. Die wunderbare Rotfärbung über weite Flächen und der würzige Hauch locken Insekten, vor allem Bienen und Hummeln, die auf Honigsuche sind und gleichzeitig die Bestäubung erledigen, an. In der Fruchtkapsel bilden sich winzige Samen, die durch den Wind verbreitet werden. Die „Alpenrosenäpfelchen", wunderlich gelbrundliche Gebilde, sind Gallen, sie werden durch einen Pilz erzeugt und sitzen manchmal an den Ästen des Strauchs.

Eine nahe Verwandte ist die Behaarte Alpenrose, mit grünen Blättern auf bei-

Rost-Alpenrose

den Seiten und helleren Rosatönen. Die seltene Zwerg-Alpenrose gehört auch zu dieser Gesellschaft, ist aber ein Heidekrautgewächs.

Auf der Suche nach den prächtigsten **Almrosen** in Südtirol sind wir im Herzen der Texelgruppe, im Pfossental, gelandet. Zwischen den verwitterten Zirben und uralten Lärchen bilden sie dichte, ausgedehnte Teppiche. Zur Zeit des Almauftriebs flammt das rosarote Blühwunder der Almrosen aus dem dunkelgrünen Laub; sie haben die Wanderer schon immer begeistert, sind sie doch ein Wahrzeichen der Bergwelt! Seit alters her nützen Bittprozessionen, die in manchen Gegenden über hoch gelegene Alpenpässe führen, diese schönste Zeit für ihre Bräuche aus.

Die Almrosen gehören zu den Zwerg-
strauchheiden, die sich zwischen der
Waldgrenze und den alpinen Grasheiden
ausbreiten, dem Landschaftsbild ihren
Charakter geben und es prägen.

Auch das kalkliebende Erika und das
duftende Steinröschen lieben die durch-
sonnten Wiesen, oder denken wir an all
die Beerensträucher wie Preiselbeere,
Moos- und Rauschbeere, oder an das
Blühwunder im Herbst – die Besenheide. Allesamt gehören sie zu den Zwerg-
strauchheiden und haben eine wichtige
Aufgabe zu erfüllen. Im Verbund besiedeln sie steile Berghänge voll Sand und
Geröll und machen die Matten mit ihrem
Wurzelgeflecht stabil, um Bergrutsche
und Muren zu verhindern.

Talschluss im Pfossental

Vor gar nicht allzu langer Zeit

An der Decke hängt der Holzkäfig mit
dem Kreuzschnabel. Irgendwann ist die
Idee aufgekommen, dass er Krankheiten
auf sich zieht, das war praktisch in einer
Zeit, in der Typhus und Blattern ganze Familien ausgerottet haben. Die im Herbst
mit Leimruten gefangenen Singvögel
schwirren wie wirr im dunklen Raum
herum. Am Boden gackern Hühner, suchen die seltenen Krumen, die vom Tisch
gefallen sind. Vom Stall her kommt der
Geruch von Kühen, heimelig süßlich, zugleich überwältigend.

Die rauchige Küche zieht alle Bewoh-
ner des Hofes an, die animalische Wär-

me genauso, wie der immer gleiche Duft der Speisen, von dickflüssigem Mus und leicht abgestandenem Schmalz. Die Bäuerin rührt im großen Kessel über dem Herdfeuer, die Männer sitzen in der ersten Reihe, die Füße auf dem hölzernen Lauf, hagere Gestalten, magere Gesichter, die Augen müde.

In einer Ecke lauschen die Kinder ängstlich den düsteren Geschichten der Ähnl. Je älter sie wird, desto drastischer die Berichte von den wilden Frauen und Männern der Berge, den halbmenschlichen Tiergestalten, die des Nachts ums Haus schleichen, der Urgewalt der plötzlichen Wetter und das alles zerstörende Mahlen der Steine und Erdströme, nur übertroffen vom jähen Donner der Staublawinen. Das Haus steht zwar an einem ziemlich sicheren Platz, erst dreimal hat es in 200 Jahren wieder aufgebaut werden müssen, und davon trug neben zwei Lawinen einmal auch ein verheerendes Feuer die Schuld.

Aber immerhin sind sie freie Bauern, hier heroben, knapp über der Grenze des möglichen Getreideanbaues. Seit einem halben Jahrtausend ist hier die Hofstelle. Zuerst als Schwaighof, durch die Gunst der Grundherren einfachst ausgestattet. Die zum Leben nötigen Kühe – sechs waren eine Schwaige – etwas Salz und Getreide, doch dafür war Zins abzuliefern.

Das war nicht immer einfach. Um über den Winter zu kommen, bedurfe es einiger Vorräte, die über die kurze Zeit des Sommers und Herbstes angelegt wurden. Im Winter kam keiner ins Tal, aber auch kein Jäger herauf zu den einsamen Höfen im Hochtal. Kein Wunder, dass sich immer wieder eine Gams, ein Steinbock, ein

Jägerrast

Murmeltier oder ein Schneehuhn in dem Kessel über dem Herdfeuer fand.

Das Vieh wurde durch den Winter gehungert, Stallfütterung im heutigen Sinn gab es nicht, höchstens eine karge Waldweide, wenn es die Schneehöhe erlaubte.

Als warme Gunstzeiten im Mittelalter es ermöglichten, wurden hinter mühselig aufgeschichteten Trockensteinmauern schräge Terrassen aufgefüllt, Roggen, sogar Hafer angebaut, doch diese seligen Zeiten sind längst vorbei.

Vor wenig mehr als 100 Jahren wich der letzte Bauer des Eishofes im Pfossental den unbarmherzigen Kräften der Natur im Hochgebirge. Als Einkehr für Touristen ist die jetzige Genossenschaftsalm im Talschluss aber sehr beliebt.

Zu den Rosen der Alpen im Pfossental
(Naturpark Texelgruppe)

Anfahrt über die Brennerautobahn A22, dann Schnellstraße bis Meran, weiter über Naturns ins Schnalstal. Bald nach der Abzweigung Katharinenberg rechts ins Pfossental, bis zum Parkplatz Vorderkaser.

Ehrenpreis

Hauswurz

Vom Parkplatz aus führt der breite Fahrweg durch die Wirtschafts- und Gasthofgebäude der Jägerrast zügig aufwärts. Nach wenigen Schritten bereits wartet eine Türkenbundwiese rechts des Weges mit einer Fülle, wie man es nicht oft erlebt. Rechts unten tost der Pfossentalbach in der Schlucht. Die gegenüberliegenden Hänge sind schroff, bestanden mit den für das Tal typischen Lärchen, Tummelplatz einzelner Ziegen, deren Glocken hell klingen, und mit Rutschbahnen für Lawinen. Die Kegel von Altschnee durchgräbt der Bach und modelliert bizarre Formen heraus. Unten stehen die wassersuchenden Erlen.

Vor der letzten großen Steigung liegt links ein gewaltiger Gneisblock, von eiszeitlichen Gletschern mit glatten Schliffen versehen, weiß schimmern Quarzeinschlüsse, dunkelrot daneben der Granat.

Nach einem weiteren Gatter öffnet sich das Tal, der uralte Siedlungsraum beginnt. Auffallend die Trockensteinmauern, die Generationen von Bauern hier in unsäglich harter Arbeit und nimmermüdem Fleiß errichtet haben.

Bunte Farben zieren den Aufstieg. Besonders im Mai, wenn sich die roten Blüten der Almrose wie Wogen durch die Landschaft ziehen, wenn lebhaft gelber Mauerpfeffer auf den Trockensteinmauern leuchtet, die weiß-rosa Katzenpfötchen samtweich schimmern, die rote, stark strukturierte Hauswurz gerade zu blühen beginnt, die rosa Pölsterchen des Thymian duften und der hellblaue Ehrenpreis sich mit allen anderen die besten Plätze rund um die Steine teilt. Quellfluren und Geröll besiedelt das Vierzahnige FelsenLeimkraut, begleitet uns auf Schritt und Tritt und könnte in einem Wort als zart umschrieben werden.

Beim weiteren Vordringen ins Tal tritt der prägnante Gipfel der Hohen Weiße ins Blickfeld, so genannt wegen des vorherrschenden weißen Marmors, der an den von Laas draußen im Vinschgau erinnert. Daneben die dunkleren Gesteine der Texelgruppe, mit der Hohen Wilde als höchster Erhebung.

Vorbei an den Almhöfen und Jausenstationen Mitterkaser und Rableid sowie den unten am Bach liegenden Höfen, allesamt ehemals ganzjährig bewohnt und bewirtschaftet. Die Wiesen werden zum Bach hin flacher, links, wo immer es das Gelände erlaubt, Steinmauern und

Kies-Weidenröschen

Einblütiges Hornkraut

Terrassen, auch Hügel von Klaubsteinen, das Baumaterial war ja im Überfluss vorhanden. Die geschaffenen Verebnungen ermöglichten sogar den Anbau von Korn, ein Zeugnis der autarken Siedlungsform.

Über Schuttkegel, teils frisch aufgeschüttet, teils wieder bewachsen, vorbei an knorrigen alten Lärchen, umgeben vom hellen Grün des Jungwuchses, erreichen wir das Almgebiet des Eishofes mit seinen satten Wiesen und die weitläufigen Schotterbänke und Schwemmkegel mit unzähligen Steinmandln am Bach. Als Pionierpflanze verzaubert das Kies-Weidenröschen, mit verzweigtem Wurzelwerk, rosa bis lila diese raue Welt. Immer wieder muss es mit anderen Erstbesiedlern, wie Traubensteinbrech, Schafgarbe, Habichtskräutern, Flechten und Moosen, Überschwemmungen verkraften, um dann wieder von neuem Fuß zu fassen.

Der Blick zurück nach Westen geht zu den Ötztaler Alpen, mit der herausragenden Spitze des Similaun. Vom Eishof schlendern viele noch ein gutes Stück eben taleinwärts, auf dem Rückweg lockt die Einkehr bei einer der einladenden Hütten.

START: Vorderkaser (1.693 m)

KURZFASSUNG: Vorderkaser, Mitterkaser, Rableid, Eishof und zurück

HÖCHSTE WEGSTELLE: Eishof (2.070 m)

HÖHENUNTERSCHIED: 370 m

REINE GEHZEIT: 3 Stunden

SCHWIERIGKEIT: ❀

TOURISMUS-INFO: 0039/473/679148

TIPP: Wunderbare Almrosenblüte auch in den Sarntaler Alpen bei den Steinernen Mandln Alpenrosenstraße!

Rosa bestickte Teppiche

12

Alpen-Azalee

Gämsheide
Loiseleuria procumbens
Familie: Heidekrautgewächse
(Ericaceae)

Äußerst seltene, kleine Kostbarkeiten verwandeln die kalkfreien Matten in den Alpen Mitteleuropas, im arktischen Eurasien und Amerika, oberhalb der Waldgrenze von 1.600 bis 3.000 Metern, in ein Azaleenparadies und machen sie zur Frühlingsattraktion.

Niedrig und stark verzweigt ist der Zwergstrauch mit kleinen, ledrigen, vier bis sechs Millimeter langen, ganzrandigen Blättchen, die im Winter ihr Grün behalten. Wie glühend rote Granaten heben sich die Blütenknospen im grünen Astwerk ab und erfreuen später mit kleinen, fünfzähligen, länglich-glockigen Kronen, die kaum einen halben Zentimeter groß sind. Diese tragen helles Rosa, stehen zu Tausenden dicht an dicht im grünen Blattwerk und leuchten in ausgedehnten Kolonien.

Die Blüten werden im Vorjahr angelegt, dadurch wird ein „Frühstart" ermöglicht, sie entfalten von Juni bis August ihr volle Blütenfülle, um im Herbst dann schwarzbraune Kapselfrüchte mit Samen heranreifen zu lassen.

Aus dem üppigen Pflanzenwuchs im Tal steigen wir höher auf und lassen immer mehr Blumen zurück, bis uns ein kleines

Alpen-Azalee

Steiglein mitten in rosa blühende Matten führt.

Tausende rosaroter Sternchen der **Gämsheide** blitzen und blinken im ersten Sonnenlicht, geben zu Sommerbeginn den Auftakt und lassen durch ihr Strahlen die Berge nochmal so schön aussehen. Unempfindlich gegen Kälte und Frost zieht sie weit über die Baumgrenze hinauf und öffnet ihre Blüten trotz der Höhenlage, sobald genug Wasser und Wärme zur Verfügung stehen. Dicht gedrängt stehen die Pölsterchen beisammen, manchmal mit dem grau-weißen Bart verschiedener Flechten durchwirkt, und vom größten bis zum kleinsten beeilt sich jedes zu blühen, um dem kurzen Bergsommer ein Schnippchen zu schlagen.

Herrlich weich wandert es sich durch diese immergrünen Sträucher, die in Gemeinschaft mit Heidelbeere, Rauschbeere, Almrose und Wacholder den Boden bedecken, zur Festigkeit beitragen und im Kampf gegen die harten Naturgewalten vor Rutschungen sichern.

In den langen Wintermonaten freuen sich Gämsen – deshalb auch der Name Gämsheide – Hasen und Schneehühner über die energiereiche Nahrung der immergrünen Blätter.

Die Pforte des Südens

Die Fahrt herunter vom Brenner vergeht wie im Flug. Sterzing wird passiert, mitsamt seinen Seitentälern in Sternrichtung, das Landschaftsbild gibt sich zusehends eintöniger. Die Berge rücken enger zusammen, der Blick ist verstellt, die Festung Franzensfeste scheint den Ankommenden abzuweisen.

Doch dann öffnet sich das Tal, die Luft wird milder, die Vegetation südlicher. Statt dunkler Kiefern und anderer Nadelgehölze stehen nun Reben, Kastanien, Nussbäume und duftende Blüteneschen. Und mitten drin Brixen, eine der Perlen unter den Tiroler Städten, mit seinen geruhsamen Winkeln, freundlichen, romantischen Ausblicken, alten Bürgerhäusern mit ihren traditionell roten und grünen Dächern, Erkern und den für die Inn-Salzachstadt so typischen Lauben. Die großen, plattigen Pflastersteine von abertausenden Füßen glattpoliert. Der Übergang zu moderneren und neuzeitlichen Bauten ist oft nahtlos gelungen. Quirliges Leben erfüllt das recht weitläufige Stadtzentrum, die härtere, deutsch-südtirolerische Sprache dominiert, das melodische Italienisch schwimmt darin wie ein Fisch im Wasser und gibt einen frischen, leichten Aspekt. Dieser zeigt sich auch im Angebot der unzähligen Cafes, Pizzastuben,

Rast auf den Lüsener Bergen

Ranunkel

alteingesessenen Gasthäuser, den Markt-
ständen und traditionellen Geschäften.

Als Tourist ist man hier nicht alleine, das
Städtchen lebt von den Einheimischen.
Die genießen ihr Gelato, den Macchiato,
ihr nachmittägliches Glas Wein in großen,
bauchigen Gläsern in entspannter Unterhaltung. Das Fahrrad ist allgegenwärtig,
Supermärkte liegen in der Vorstadt, unter
den Lauben fühlt man sich um Jahrzehnte
zurückversetzt. Und am Abend wird man
schwer an einem der gemütlichen Gasthäuser vorbeikommen, deren Opulenz
an den Wohlstand der Bischofsstadt in
vergangenen Jahrhunderten erinnert.

Doch kein Besuch der historischen
Stadt ist ohne den Dom und den Dom-
platz vorstellbar. Der Kreuzgang im Dom
ist atemberaubend, ein wahres Bilderbuch
der Frömmigkeit vergangener Zeiten. Das
benachbarte Johanniskirchlein war Heim-
stätte des Konzils von 1080, bei dem
Papst Gregor VII abgesetzt wurde.

Wem der Sinn danach ist, der wird das
altehrwürdige Kloster Neustift besuchen.
Hinter dicken Mauern warten kulturhisto-
rische Leckerbissen, all die Baustile seit

der Romanik mit gotischen Gewölben
und barocken Elementen. Prachtvolle
Altäre, wie der des Meisters Michael Ba-
cher, und eine sehenswerte Bibliothek
sind zu entdecken. Im Gegensatz dazu
findet man hinter dem Mauergürtel, der
vor einer Türkeninvasion schützen sollte,
Obst, Gemüse und natürlich Weingärten.
Es ruft der oft gerühmte Klosterwein, ein
weißer Silvaner, leicht und fruchtig, die
Sonne spiegelt sich im Glas, Lichtreflexe
verzaubern den Augenblick.

Für nüchterne Naturen gibt es vom
Hausberg Plose das nicht minder köstliche Quellwasser, in ganz Südtirol beliebt
und geschätzt.

Über blühende Matten der Lüsener Berge
(Nahbereich Naturpark Puez-Geisler)

Anfahrt auf der Brennerautobahn A22 bis
Brixen Nord, durch Brixen, Beschilderung
St. Andrä, dann links nach Lüsen.

Eine schmale, doch gut ausgebaute
Bergstraße bringt uns von 700 Metern
in Brixen hinauf nach Lüsen, weiter zum
Ortsteil Flitt mit dem schlichten, doch
anmutigen Kirchlein, und schließlich
auf dem Forstweg bis hin zum Parkplatz
Schwaigerboden (1.720 Meter). Ab hier
gilt das Fahrverbot! Weg Nr. 2 entspricht
dem Fahrweg, leicht ansteigend, durch
Fichtenwälder bis zum Almwiesenge-
biet. Bei der Beschilderung Genaider-
alm/Jakobsstöckl Weg Nr. 2 halten wir
uns links auf der Forststraße, die uns als
Weg 2a Richtung Kreuzwiesen-Hütte
führt. Die Fichten weichen immer mehr
den Lärchen und Arven. Alsbald sind die

Katzenpfötchen

Echter Alpenklee

unteren Gampillwiesen erreicht, vor uns liegt links die Kreuzwiesen-Hütte, hoch oben das Astjoch, von dem der Putzerbach entspringt. Bei der Gabelung geht es nun in den Taleinschnitt über Bergwiesen mit den hellgelben Kugeln der Trollblume, roten Kuckuckslichtnelken in Gesellschaft von gelbem Berghahnenfuß, Klee und hellblauen Vergissmeinnicht, und mit weiß-gelb gemusterten Feldstiefmütterchen bunt geschmückt, weist Weg Nr. 2 hinauf zum Jakobsstöckl. Nach wenigen Schritten vorbei an der kleinen Alm, nach rechts auf die ausgedehnten Matten, die besonders durch das massive Auftreten der Alpenazalee mit ihren tausenden kleinen, rosa gefärbten Blüten hervorstechen. Eingebettet in silbrig glänzende Wacholder- und Almrosenstauden, die in herrlich roter Blüte stehen, und Moos- und Rauschbeeren, den typischen Hochstaudenfluren, leuchten die blassgelben, glockigen, schwarz gepunkteten Blüten des Punktierten Enzians wie angetupft. Auffallend sind seine glänzenden breiten Blätter. Als wahres Kleinod ist er heute gänzlich geschützt, wurden doch früher die Wurzeln ausgegraben und zu Heilzwecken verwendet (Magenbitter). Da und dort schaukeln noch die letzten zartgelben Schwefelanemonen auf ihren langen Stielen, die Hochblüte ist bereits vorbei und unzählige Fruchtstände bereiten sich auf die Vermehrung vor. Oben grüßt das Kreuz des Gampill.

Die Böden aus Brixner Quarzphyllit, bräunlich glimmernd, sind zu sanften Kuppen und Rundungen verwittert, die für das Plosegebiet so typisch sind und das ideale Substrat für die Flora bilden. Über dem alten Gestein steigt, mit jedem Schritt imposanter werdend, das verhältnismäßig junge Massiv des Peitlerkofels auf. Die Lärchneralm ist bald erreicht und an ihr vorbei bietet sich ein Abstecher zum Jakobsstöckl, einem schlichten Bildstöckl mit den Knieabdrücken des Betenden Jakob, an. Wir aber halten uns links, erwandern den Gipfelbereich des Gampill und genießen den Blick hinunter ins Gadertal und die darüber liegende mächtige Kreuzkofelgruppe. In leichtem Auf und Ab weiter zum Ellener Kreuz, ein sogenanntes Wetterkreuz mit den charakteristischen

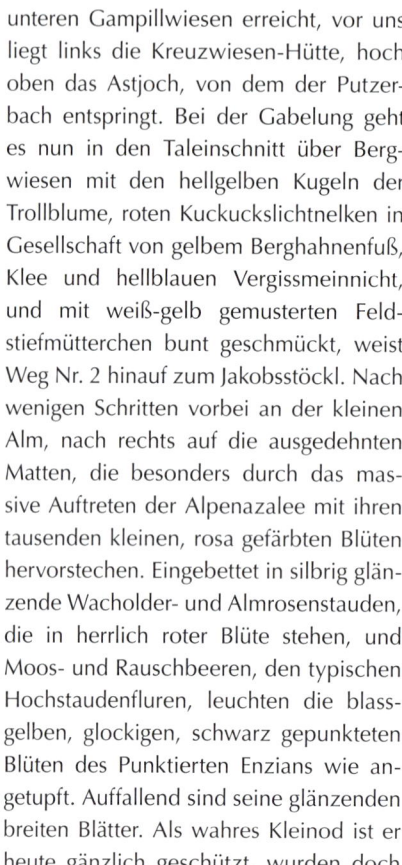

Punktierter Enzian

Die Einkehr lockt, Hunger und Durst rufen. Wir werden nicht enttäuscht, es gibt gute Hausmannskost und frische Kuchen, dazu ein windgeschütztes Plätzchen. Der Forstweg 2a führt zurück zum Parkplatz Schwaiger Boden.

drei bis vier Armen, das den Namen vom Weiler Ellen im Gadertal hat. Die Kaser-Hütten bleiben zurück, ein kurzer, steiler Anstieg, und das Astjoch ist erreicht. Das Weglein säumen ausgedehnte Blütenpolster der Katzenpfötchen in silbrig-weiß, oft auch mit rosa Schimmer, große, glänzend gelbe Einzelblüten der Ranunkel, wie lackiert, der echte Alpenklee mit fleischroten Schmetterlingsblüten, im Köpfchen ins Purpur überlaufend, mit langgestielten Blättern, und schließlich die unzähligen, blau leuchtenden Blütenglocken des Stängellosen Enzians. Ein fantastischer Rundblick tut sich auf. Wenige Meter neben dem Gipfelkreuz wartet die Orientierungshilfe des Burgstall. Die Windrose in Kombination mit der Panoramabeschreibung ordnet die Gipfel und Gruppen rundum eindrucksvoll zu. Nun schlängelt sich der schmale Fußweg Nr. 2a abwärts. Rechts unten liegen die Almwiesen von Rodeneck, vormals wegen des Getreideanbaus als „Goldener Berg" bekannt, heute Weiden und Mähwiesen. Weg 2a stößt bald auf einen Fahrweg, der weiter zur Kreuzwiesen-Hütte führt.

START: Parkplatz Schwaiger Boden (1.720 m)

KURZFASSUNG: Parkplatz, Forstweg bis Abzweigung Jakobsstöckl, Gampill, Ellener Kreuz, Astjoch, Kreuwiesen-Hütte, Parkplatz

HÖCHSTE WEGSTELLE: Astjoch (2.194 m)

HÖHENUNTERSCHIED: 500 m

REINE GEHZEIT: 4 Stunden

SCHWIERIGKEIT: ❀ ❀

TOURISMUS-INFO: 0039/472/836401

TIPP: Bummeln in der Bischofsstadt Brixen

Liebelei in Lila

13

Pyrenäen-Drachenmaul

Horminum phyrenaicum
Familie: Lippenblütler
(Lamiaceae)

Beim Wandern durch die Berge begegnet man einzelnen Blumen immer und überall, bei anderen gehört eine Portion Glück dazu, sie zu finden. Das Drachenmaul gehört zu den ersteren, es ist ein Überbleibsel grauer Vorzeit und hat auf den grünen Inseln im ewigen Eis der Dolomiten überlebt.

Eine Rosette immergrüner, kräftiger, breit eiförmiger, runzeliger Blätter mit gekerbtem Rand legt sich dicht an den Boden an, anderen Pflanzen Licht und Luft verwehrend. Sie dient als hervorragender Wasserspeicher und ermöglicht es der Pflanze, fast ohne Humus zu gedeihen. Für das Weidevieh unerreichbar, breiten sich diese Blattrosetten oft bis zum Unkraut aus.

Der 10 bis 30 Zentimeter hohe, vierkantige Stängel scheint sich nach oben hin unter der Last der satt-violetten Lippenblüten zu neigen, die in einer dichten Blühtraube die Pflanze schmücken.

Sehr gesellig wächst das Drachenmaul auf kalkreichen, sonnigen Magerrasen, im Geröll und in lichten Wäldern. Bereits im Frühsommer, zwischen Juni und Juli, entfaltet die Bergwiesenblume ihre volle Blütenpracht auf Höhen von 1.000 bis 3.500 Metern im Südalpenbereich und den Pyrenäen.

Pyrenäen-Drachenmaul

Lebte damals das Drachenmaul wahrscheinlich einsam in einer Welt ohne Menschen und in Gesellschaft von Drachen, Höhlenbären und Bergunholden, die dort oben ihr Wesen trieben, so ist es heute unser ständiger Begleiter am Wegrand.

Die letzte Eiszeit, die über viele Jahrtausende die gesamten Alpen in einen Eispanzer hüllte, sodass nur die höchsten Spitzen der Dolomiten herausragten, ging vor etwa 12.000 Jahren zu Ende. Davon zeugen heute U-Täler, Gebirgsseen, Gletschermühlen und Bergstürze. Während die großen Talgletscher von Etsch und Gardasee bis in die nördliche Po-Ebene vorstießen, blieben Berge am Südrand der Alpen unvergletschert. Hier fanden

Pflanzen und Tiere Schutz und Zuflucht und konnten auf kleinen, eisfreien Flächen überleben, um sich dann als Relikte dieser Eiszeit in den Dolomiten von den Höhen bis zur Schneegrenze wieder zu vermehren. Mit viel Glück findet man sie vor allem in den schattigen Nordwänden der Dolomiten mit ihrem ausgeglichenen Klima, hier waren sie auch sicher vor der Konkurrenz der Waldbäume. Doch eine enorme Überlebenskunst war allemal notwendig, um auf solch oft auch rutschigen, ständig fließenden Böden Fuß zu fassen. Doch viele dieser uralten Pflanzen haben es geschafft und sind uns erhalten geblieben.

Zu diesen Raritäten zählt das beschriebene **Drachenmaul**, die prächtige Dolomiten-Akelei in dunkelvioletter Färbung und bestechender Eleganz, die Schopfige Teufelskralle, unverkennbar mit ihren

Blütenschleier von weißen Dolden über Tiers

dunkelrosa Blütenzipfeln, die Dolomiten-Schafgarbe, die sehr einer Margerite ähnelt und sich nur durch das weiß-gelbliche Innere von ihr unterscheidet; die Dolomiten-Glockenblume in den schönsten Blautönen und vollkommener Glockenform und schließlich der Gelbe Alpenmohn mit seinen hauchzarten Blüten, die an Pergament erinnern, um nur einige der etwa 40 Pflanzen zu erwähnen.

Ein Panzer aus Eis

Der Aufstieg war nicht schwer, alsbald waren 2.000 Höhenmeter erreicht und die dicke Suppe des Hochnebels durchstoßen. Noch ein paar Schritte höher und wir blicken zurück. Ringsum ragen nah und fern die Gipfel grau aus der weißlich glänzenden Wolkenschicht – ein Bild, das jedem Bergwanderer vertraut ist und ger-

Pestwurz

Berggänseblümchen

ne Gedanken an längst vergangene Zeiten hochkommen lässt.

So mag es ausgesehen haben, als die großen Gletscher- und Eisströme der Kältezeiten die Alpen und den Norden Europas bedeckten. Im bislang letzten geologischen Zeitalter, dem Quartär, folgten auf die Vorgänge bei der alpinen Gebirgsbildung mehrere große Vereisungsphasen und gaben den Alpen, zusammen mit den Kräften der Verwitterung, letztlich ihr heutiges Gesicht.

Dass in den gemäßigten Breiten große Unterschiede zwischen den Jahreszeiten bestehen, ist uns vertraut. Doch welche Kräfte bewirkten eine so gewaltige Abkühlung, dass ein tausende Meter dicker Eispanzer unser heutiges Gunstgebiet bedeckte?

Die Theorien sind vielfältig und wohl keine ist für sich alleine schlüssig, zu empfindlich ist das Gleichgewicht und die Vorgänge sind sehr komplex.

Die Vorgänge der Plattentektonik und in weiterer Folge der Gebirgsbildung beeinflussten weltweit Wasser- und Luftströme in ihren Bahnen. Gebirge stauten feuchte Luftmassen und verursachten vermehrte Niederschläge, in größeren Höhen als ewigen Schnee mit hoher Albedo, dies wiederum verhinderte Erwärmung und Abschmelzen. Ebenso mögen gewaltige Vulkaneruptionen mit global ausgedehnten Staub- und Aschewolken die Sonneneinstrahlung zur Erde gedämpft haben. Schließlich kann auch eine Schwankung in der Schräge der Erdachse zur Umlaufbahn um die Sonne, eine Veränderung in der Erdbahn selbst, oder auch ein zyklischer Wechsel in der Aktivität des lebenspendenden Zentralgestirns die Ursache für drastische Klimaschwankungen sein.

Der Wanderer sitzt und sinnt nach. Ein Wechselspiel der Naturkräfte hat unsere grandiose Gebirgslandschaft erschaffen, hat Pflanzen vernichtet und wieder angesiedelt, manch hartnäckigem Gewächs sogar das Überleben auf felsigem Untergrund über dem Eismeer ermöglicht. Hat nicht nur schroffe Hochgebirgsformen gemeißelt, sondern auch sanfte Formen in den Tälern geschürft. Hat die großen Seen draußen im Alpenvorland mit ihren Endmoränen aufgestaut, ja sogar mit ausgewehten Sanden aus den Gletschervorfeldern dicke Lössschichten als landwirtschaftliche Gunstgebiete erzeugt.

Zwergbuchs

Hornklee

Im Vorgarten des König Laurin
(Naturpark Schlern-Rosengarten)

Auf der Brennerautobahn A22 bis Ausfahrt Bozen Nord, über Blumau ins Tiersertal. Von Tiers oder St. Cyprian empfiehlt sich der Wanderbus. Über die steilen Kehren hinauf zum Nigerpass ersparen wir uns dadurch den Anstieg von immerhin 500 Höhenmetern. Gegenüber der Niger-Hütte beginnt der gut markierte Forstweg Nr. 7, Beschilderung „Baumannschwaige, Hanickerschwaige". Der Ausdruck Schwaige wird ähnlich verwendet wie anderswo Alm, bezeichnet also keinen Schwaighof. Angenehm leicht ansteigend erlaubt der Weg ein gemütliches Eingehen durch gepflegte Fichtenwälder, links und rechts die abgeblühte Pestwurz mit noch kleinen Blättern, die bis zum Hochsommer gigantische Dimensionen erreichen werden. Die Nigerquelle wird passiert, und wenige Meter vor der Baumannschwaige beginnt der Wandersteig, zugleich Sagenweg, steil hinauf durch die Wälder. Unzählige Stufen, zum Teil aus Stein, oft aus abgestorbenen, dürren Bäumen, und sorgfältig geschnittene Einkerbungen sor-

gen für Trittsicherheit. Mit zunehmender Höhe tritt neben die dunkle Fichte die hellgrüne Lärche mit ihren frischen Nadeln und den rötlichen Zapfen, später dann der Leitbaum der Dolomiten, die Zirbe. Die Blüten der Schneeheide sind von der Sonne bereits verbrannt, von den Soldanellen und Krokussen sind auch nur noch die Blätter zu sehen. Doch stets begleiten uns die zahllosen Rosetten mit den auffälligen samt-lila Blüten des Pyrenäen-Drachenmauls. Der Weg verlässt bald den geschlossenen Wald und führt durch sattgrüne Wiesen. Ist es ein Zitronenfalter? Nein, eine Schwefelanemone, die Mitte Mai zu Hunderten die Almböden schmückt, hat der Hitze im Schutz der schattenspenden Bäume standgehalten. Ihr zartes Gelb weicht nun dem kräftigen Gelb der Trollblume, die hier in dichten Beständen wuchert.

Der Blick nach oben gilt dem Rosengarten mit der Laurinswand, der Rosengartenspitze und den prägnanten Vajolet-Türmen. Gegenüber liegt die Hochfläche des Schlern, draußen im Tal das Becken von Bozen. Darüber der Ritten, weit im Westen die glitzernden Gipfel der Ortlergruppe. Strahlend blaue Enziane und

Schusternagerl, erfrischend weiße Berggänseblümchen, auf ihren langen Stielen wippend, Zwergbuchs, abwechselnd mit gelb-weißen und lila-gelben Blüten, und die verschiedensten Kleesorten im hellsten Gelb beleben den Boden.

Weiter geht es hinunter zur Hannickerschwaige, einer einladenden Einkehr mit guter, bodenständiger Kost, doch nur zögernd senkt sich der Blick vom faszinierenden Panorama hinunter zum Teller. Vorbei an der Hütte führt dann ein Wandersteig ins Tal, doch zuvor lockt noch rechts ein Hang mit bunter Trockenflora; weiter schließlich oberhalb von schneeweißen Steinen in der gleißenden Gischt. Zwei Brücken werden passiert, über den Forstweg Nr. 7 geht es nun geruhsam zu den Almwiesen der Plafötschalm. Mit etwas Glück erblickt man schon die ersten Feuerlilien, vielleicht auch Türkenbund, am Waldrand oder auch entlang des Weges, wo sie bei der Mahd sorgsam ausgespart wurden. Wir halten uns rechts,

START: St. Cyprian bzw. Nigerpass (1.690 m)

KURZFASSUNG: Nigerpass, Baumannschwaige, Hanickerschwaige, Plafötschalm, St. Cyprian

HÖCHSTE WEGSTELLE: Almwiesen (2.000 m)

HÖHENUNTERSCHIED: ca. 300 m im Aufstieg, ca. 800 im Abstieg

REINE GEHZEIT: 5 Stunden

SCHWIERIGKEIT: ❀ ❀

TIPP: Einkehr auf der Hanickerschwaige

Der Cyprianer Hof in Tiers ist ein richtiges „Wohlfühlhotel" und ideales Standortquartier

zuerst geht es steil hinunter, bald ist die Nigerpassstraße erreicht. Falls die Wiesen schon gemäht wurden, bummeln wir entspannt vorbei an den sonnengebräunten Stadln über die nun stoppeligen Wiesen, die noch vor kurzer Zeit im weißen Blütenschleier der Doldenblütler standen, hinunter zum Parkplatz beim Cyprianer Hof.

Zum Solitär in Weiß

14

Paradieslilie

Weiße Prachtlilie
Paradisia liliastrum
Familie: Liliengewächse
(Liliaceae)

Vorhang auf – Bühne frei für die edle, zarte Schönheit in zeitlos schillernder, weißer Pracht. Kaum eine Farbe ist so eng mit dem Sommer verhaftet wie die Farbe des Lichts. Der schlanke, 30 bis 60 Zentimeter lange Stiel entspringt einem Büschel linearer, flacher Blätter, die an hohes Gras erinnern, und trägt gestielte, nickende, trichterförmige, rein weiße Glockenblüten. In ihrem Inneren verbirgt die Paradieslilie den dünnen Griffel mit runder Narbe und leuchtend gelben Staubblättern – eine fantastische Zeichnung. Ab Juni/Juli öffnet sie ihre Kelche und beeindruckt schon allein durch ihre Seltenheit, doch vor allem durch Farbe, Form und zarten Lilienduft, perfekt abgestimmt zum Verwöhnen unserer Sinne.

Ihren Standplatz wählt sie in sonnigen, windgeschützten Lagen von 1.700 Meter ansteigend bis auf 2.400 Meter Höhe auf Fett- und Magerwiesen.

Mit der Paradieslilie hat die Natur ein schnell vergängliches Wunderwerk geschaffen, und als Glanzstück der Wiesen im Frühsommer sorgt sie für Sommerlaune.

Paradieslilie

Die Suche nach botanischen Raritäten kann zur Leidenschaft werden, und meine heimliche Liebe gilt diesen verborgenen, naturbelassenen, so selten gewordenen Biotopen, wo sich diese Kostbarkeiten meist wohl fühlen und am ehesten zu finden sind.

Diesmal hat es mir die **Weiße Prachtlilie** angetan, und vom Namen verführt, wollte ich diese unbedingt finden. Nach vielen Recherchen am Karnischen Kamm angelangt, wo ein größeres Vorkommen sein sollte, überraschte uns statt der Lilienfelder ein böses Unwetter und wir mussten die Tour abbrechen. Am darauf folgenden Tag verdunkelten die letzten Wolkenreste das nötige Licht für eine schöne Aufnahme. Gleich gegenüber auf der Mussen, einem ausgeprägten

Südhang, verpassten wir die Hochblüte, die nach wenigen heißen Sommertagen vorbei ist. An den langen Stielen waren zumeist bereits die prallen Fruchtstände zu sehen.

In den trockenen Lärchenwiesen am Trudner Horn erfüllte sich „mein Traum in Blütenweiß"! Königlich, dezent gekleidet, umgeben von süßem Lilienduft, mitten in der sommerlichen Farbenpracht ihrer Nachbarschaft, steht die Weiße Prachtlilie im Spiel der Kontraste von Licht und Schatten, mal unter mächtigen Lärchen, dann wieder auf sonnendurchfluteten Wiesen, und lässt im Wind ihre zarten Kelche schwingen. Diese blendend weiße Schönheit ist ein Symbol für Süße, Reinheit und Jungfräulichkeit.

Moore im Waldpark

Bei einem Blick auf die Karte verblüfft die eigentümliche Form des Schutzgebietes. Genauere Betrachtung und ein Besuch

im Naturpark erstaunen und beeindrucken durch die herb-süße Eigenart und Vielfalt.

Die Gründe dafür sind komplex und liegen im Zusammenspiel von Böden, Höhenlage und Exposition.

Als die Gletscher schwanden, ließen sie Kuppen und Mulden, Verebnungen und sandig-lehmiges Moränenmaterial auf den Porphyr- und Dolomitstöcken zurück. Eine äußerst abwechslungsreiche Vegetation siedelte sich im Lauf der Jahrtausende an, in letzter Konsequenz dann auch durch Bewirtschaftung beeinflusst.

Wo der Mensch nur wenig eingreift, entstehen typische Mischwälder mit ihrem charakteristischen Zyklus des Kommens und Vergehens. Jung und alt, verschiedenste Arten und Unterwuchs prägen den naturnahen Wald. Pilze, Bakterien, Moose, Würmer und Insekten verarbeiten das abgestorbene Material und tragen ihrerseits zum Aufbau eines günstigen Substrats bei.

Verschlafenes Dörfchen Altrei

Gelbe Schwertlilie

Arnikawiese

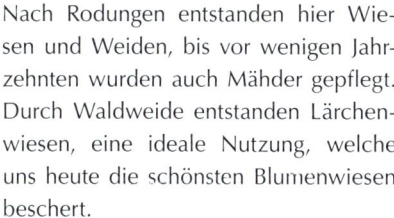

Nach Rodungen entstanden hier Wiesen und Weiden, bis vor wenigen Jahrzehnten wurden auch Mähder gepflegt. Durch Waldweide entstanden Lärchenwiesen, eine ideale Nutzung, welche uns heute die schönsten Blumenwiesen beschert.

Dazwischen eingestreut, liegen in flachen Hohlformen Reste von einst ausgedehnten Seen, wie alle ihrer Art dem Untergang durch Verlandung geweiht. Seit Jahrtausenden leben an ihren Rändern Schilf und Binsen, wachsen Seerosen, sterben jährlich Pflanzen ab, füllen das Becken des Sees, Moore entstehen. Durch den stauenden Untergrund oder durch Zuflüsse sind diese äußerst nährstoffarm, doch ihr Bewuchs hat seinen ganz eigenen Charme. Wollgräser leuchten blendend weiß, Sonnentau und Fettkraut lassen durch ihr fleischfressendes Verhalten leicht Schaudern, Kiefern und Birken sind grotesk verkrüppelt.

Moore sind durch ihre Konservierung von Pollen nicht nur getreue Chronisten der Vegetation über Jahrtausende, noch wichtiger ist ihre ausgleichende Wirkung auf den Wasserhaushalt. Sie speichern Wasser auch für trockene Zeiten und geben dadurch Sicherheit für Quellen. Eingriffe waren seit alters her verpönt und wurden streng geahndet, oft auch ohne das nötige Augenmaß, wovon Hexenprozesse und Moorleichen künden.

Ein Schritt ins Moor lässt ahnen, wie trügerisch der Boden hier ist. Doch das wollen wir ohnedies vermeiden, zu empfindlich ist das Gleichgewicht. Lieber sitzen wir auf einer trockenen Wurzel etwas oberhalb, blicken hinaus auf die dunkel leuchtende Spiegelfläche und schaudern in wohligem Gruseln beim Gedanken an die düsteren Geheimnisse tief im Moor, die Irrlichter in der Nacht, das geheimnisvolle Raunen von Hexen und Geistern aus früheren Tagen.

Königliche Prachtblüten bezaubern am Trudner Horn
(Naturpark Trudner Horn)

Auf der Brennerautobahn A22 bis zur Ausfahrt Neumarkt/Auer. Der Beschilderung Cavalese folgend ins Fleimstal, über Kaltenbrunn bis San Lugano, hier rechts abbiegen, auf der Landstraße bis Altrei, Parkplatz im Ortszentrum.

Knäuelglockenblume

Hallers Teufelskralle

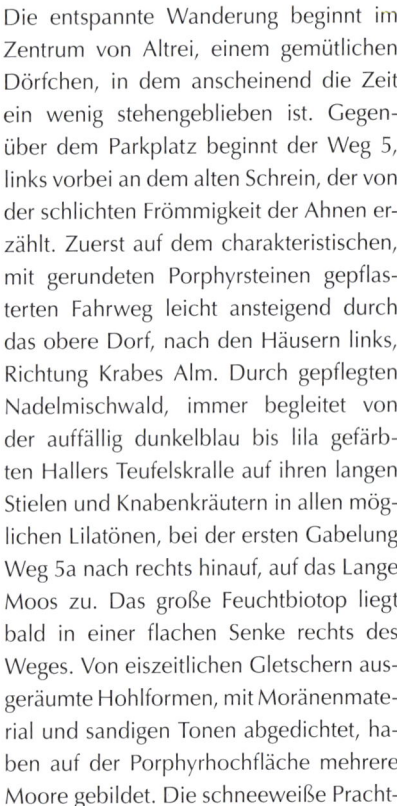

Die entspannte Wanderung beginnt im Zentrum von Altrei, einem gemütlichen Dörfchen, in dem anscheinend die Zeit ein wenig stehengeblieben ist. Gegenüber dem Parkplatz beginnt der Weg 5, links vorbei an dem alten Schrein, der von der schlichten Frömmigkeit der Ahnen erzählt. Zuerst auf dem charakteristischen, mit gerundeten Porphyrsteinen gepflasterten Fahrweg leicht ansteigend durch das obere Dorf, nach den Häusern links, Richtung Krabes Alm. Durch gepflegten Nadelmischwald, immer begleitet von der auffällig dunkelblau bis lila gefärbten Hallers Teufelskralle auf ihren langen Stielen und Knabenkräutern in allen möglichen Lilatönen, bei der ersten Gabelung Weg 5a nach rechts hinauf, auf das Lange Moos zu. Das große Feuchtbiotop liegt bald in einer flachen Senke rechts des Weges. Von eiszeitlichen Gletschern ausgeräumte Hohlformen, mit Moränenmaterial und sandigen Tonen abgedichtet, haben auf der Porphyrhochfläche mehrere Moore gebildet. Die schneeweiße Pracht-

lilie, vorher nur sporadisch zu sehen, tritt nun immer mehr in den Vordergrund. Im extravaganten weißen Blütenkleid in Glockenform steht sie in den Lärchenwiesen, um uns zu verzaubern. Als Rarität ist sie ein Schatz der Botanik, und jeder Blumenliebhaber wird glücklich sein, sie wenigstens einmal zu sehen. Leider ist sie vom Aussterben bedroht, weil der Wald immer mehr von den trockenen, sonnigen, einmädigen Wiesen, ihren Lebensräumen, in Beschlag nimmt. Von Jahr zu Jahr werden die Bestände weniger.

Wir vermeiden es, den empfindlichen Uferbereich des Moores zu betreten, wo sich der zierliche Sonnentau und die fleischigen Rosetten des Fettkrautes mit lila und weißen Blüten, beides fleischfressende Pflanzen, aufhalten, und betrachten vom Weg aus den Aufbau. Weiter draußen liegen die offenen Tümpel mit Rohrkolben, Binsen, den weißen Schöpfchen des Wollgrases, verschiedenen Schilfarten und Seggen. Der Torf reicht meterdick hinunter, ein Füllhorn an Informationen für den Pollenanalytiker, der hier längst vergangene Jahrtausende rekonstruieren kann. Ein letzter Blick auf die bunten Wiesen, übersät mit den gelben Sternen der Arnika, der dunkelvioletten Knäuelglockenblume, in den sumpfigen Senken die gelben Körbchen der gerade aufblühenden Sumpfkohldistel und die lila gefärbten der Kratzdisteln. Weiter geht es auf dem Weg 5 nach rechts zur Peraschupf – „Schupf" ist übrigens ein alter Ausdruck für Hirtenhütte. Der feuchte Untergrund weist auf die abgedichtete Bodenfläche hin, entsprechend werden die höher- und trockenstehenden Fichten, Lärchen und vereinzelte Kiefern nun von Erlen und Birken durchsetzt. Wo immer die Bäume schütter stehen oder helle Wiesen den Weg begleiten, tritt sofort wieder die lichthungrige Paradieslilie vor uns. Weg 5 fällt nun kurz ab und trifft dann auf den Fahrweg Nr. 4. Rechts steht die idyllische Peraschupf, in ungedüngten, traditionell gemähten Lärchenwiesen mit der entsprechenden Vegetation. Neben dem privaten Berghaus liegt der Waldbrandweiher, an den Rändern geschmückt mit zahllosen Seerosen und den leuchtend gelben Schwertlilien. Leicht ansteigend durch Jungwald, gestandene Fichten und mächtige, flechten-bewachsene Lärchen geht es nun bis zum Wegweiser für die Krabes Alm, die schließlich auf dem Weg 6 erreicht wird. Die Einkehr ist verdient, gute Hausmannskost lockt, der Blick schweift über die darunterliegenden Blumenwiesen hinaus ins Fleimstal und hinüber in die Bergwelt des Trentino.

Von der Krabes Alm folgen wir der Beschilderung auf Weg 6 nach Altrei, zurück zum Ausgangspunkt.

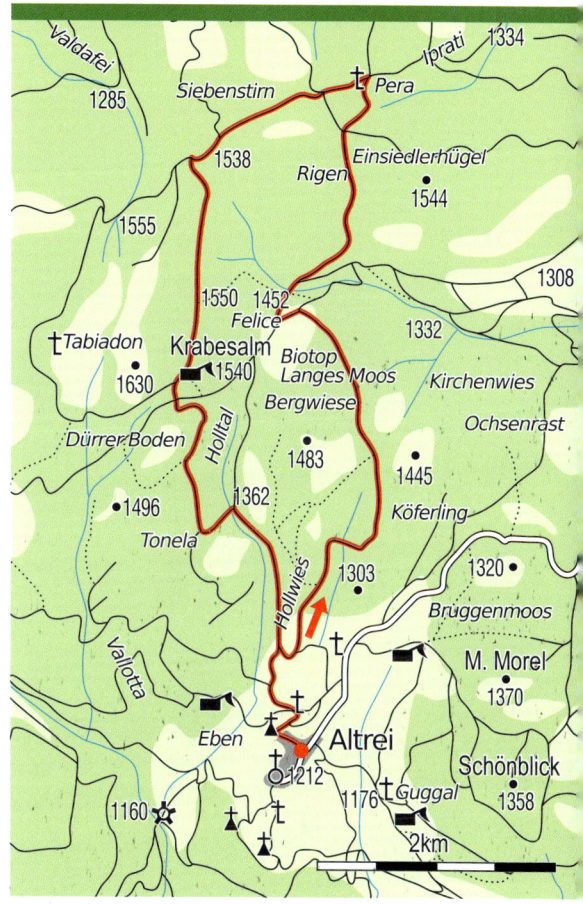

START: Parkplatz Altrei (1.212 m)

KURZFASSUNG: Altrei, Langes Moos, Peraschupf, Krabes Alm, Altrei

HÖCHSTE WEGSTELLE: Krabes Alm (1.540 m)

HÖHENUNTERSCHIED: 300 m

REINE GEHZEIT: 4 Stunden

SCHWIERIGKEIT: ✿ ✿

TOURISMUS-INFO: 0471/882077

TIPP: Naturparkhaus Truden
  Besuch des Hügels von Castelfeder, einem wahren Arkadien

Dort wo der Himmel atmet

15

Schwarzes Kohlröschen

Braunelle, Vanilleblümchen
Nigritella nigra
Familie: Knabenkrautgewächse
(Orchidaceae)

Das Kohlröschen gehört zu den Orchideen. Als ausdauernde Pflanze besiedelt es sonnige Matten und Rasengesellschaften vorzugsweise auf Kalkgestein und steigt bis auf 2.700 Meter. Zwei Wurzelknollen treiben den Stängel mit den grasartigen Blättchen 15 bis 20 Zentimeter in die Höhe. Auffällig ist der pyramidenförmige Blütenstand, dicht besetzt mit unzähligen Einzelblüten, die mit ihren dreieckigen Lippen ein kugeliges Köpfchen bilden und das jedermann bekannte Blumenparfum von Vanille oder Schokolade versprühen. Sie erobern unsere Nasen mit ihrem Duft und blenden unsere Augen mit ihrer Schönheit. Wahrscheinlich deshalb bei den Menschen seit jeher beliebt, blüht und duftet es von Juni bis in den August hinein in seiner unverkennbaren Note.

Abarten in Gelb, gebrochenem Weiß, Rot oder gesprenkelt sind seltener zu finden.

Almweiden haben immer ein ähnliches Bild und ihren eigenen Reiz. Weitläufige Zäune mit schiefen Latten separieren helles, saftiges Grün von dem Sattgrün der dichten Wälder und Latschenhänge.

Schwarzes Kohlröschen

Friedliches Glockengeläute begleitet den Wanderer, die frische Bergbrise bringt es und trägt es weiter. Haflinger weiden oder suchen sich in der Mittagshitze ein Schattenplätzchen und bestechen mit ihrer blonden Mähne.

Für gestresste Stadtmenschen sind dies ideale Orte, zur Ruhe zu kommen, sich zu erholen und zu entspannen und die Gedanken auf Reisen zu schicken.

Hoch in der Sonne liegt die Seiser Alm, die zu den größten Hochflächen Europas zählt, und der Blick schweift die Runde bis zu den markanten Gipfeln der Dolomiten.

Für den Botaniker ist sie ein Leckerbissen. Besonders im Schutz des Naturparks, wo Düngen untersagt ist, sprießt und wächst es vom kleinsten Kräutlein bis zu den botanischen Schätzen. Bunte Stunden im Reich der Wildblumen erwarten uns, wo Farben und Formen keine Grenzen kennen.

Die kleinste Orchidee, das **Kohlröschen** mit dem schwarzen Köpfchen, köstlich-schwer nach Vanille duftend, kennt so mancher. Der Duft ist die Seele der Blumen, sagt man. Er gelangt über den Geruchssinn direkt ins Gefühlszentrum, wird deshalb auch in tiefster Seele wahrgenommen und ruft vieles wach, was wir in Kindheit und Jugend erlebt haben.

Für mich wirkt das Kohlröschen sanft und samtig, aber doch robust. Wenn sich das Blümchen zartgelb, cremeweiß, rot oder muschelrosa kleidet, ist es ein kleines Naturwunder, das uns in Staunen versetzt.

Hochfläche Seiser Alm mit Schlern

Blonde Mähnen

Grüne Bergwiesen, mit Blumen übersät, darüber blitzblauer Himmel, gegen den sich die Silhouette eines Pferdes abzeichnet. Blonde Mähnen wehen von charaktervollen Köpfen, die Haltung erinnert an eine perfekte Skulptur. Auf den weitläufigen Weiden und Wiesen der Seiser Alm ein wohlvertrautes Bild, doch nicht nur dort. Die symbolträchtigen Reittiere finden sich in allen Landesteilen und ziehen die Blicke auf sich.

Wohl eine alte, sorgfältig erhaltene Rasse? Weit gefehlt, die Geschichte der Haflinger reicht gerade etwas mehr als ein Jahrhundert zurück.

Bis dahin waren im Flachland kräftige, geduldige Pferde gefragt, denen schwe-

Haflingerparadies

re Lasten und Fuhren nichts ausmachten. Im Gebirge jedoch brauchte es eher kleinere, wendige Pferde zum Säumen (= am Saumpfad wurden Waren getragen und auf Tieren befördert) auf den unwegsamen Pfaden. Mit dem verbesserten Ausbau von Straßen und Wegen im Bergland war dann wieder mehr Kraft gefragt.

Was lag also näher, als die agilen Gebirgspferde mit leistungsstarken Rössern, wie den seit Jahrhunderten geschätzten Norikern, zu kreuzen. Die älplerische Kombination von körperlicher und geistiger Wendigkeit, mit unermüdlicher und sanfter Kraft, wurde schließlich noch durch edles arabisches Blut und Eleganz verfeinert. Dass die ersten dieser neuen Rasse im Vinschgau entstanden und daher leicht den Weg ins damals schwer zu erreichende Plateau des Tschögglberges fanden, war ein glücklicher Zufall. Vom Dorf Hafling bekamen sie den Namen, bald waren sie in ganz Tirol zu Hause.

Beim Anblick von so viel grazilier Schönheit, gepaart mit Stärke und Anmut, von den Besitzern liebevoll gepflegt und gestriegelt, freut man sich, die schöne Natur mit diesen herrlichen Geschöpfen teilen zu dürfen.

Dass die Zucht der Haflinger auch ein ertragreiches Geschäft geworden ist, versteht sich da fast schon von selbst. Vom Arbeitstier ging die Entwicklung immer mehr zum Reitpferd, und im Urlaub auf dem Bauernhof und auf Reiterhöfen freundet sich so manches Großstadtkind mit den blonden Tieren an. Vertrautheit ist schnell hergestellt, Ängste werden abgebaut, ja sogar therapeutische Erfolge werden erzielt.

Auf die strenge Einhaltung der Zuchtregeln wird von den beiden Tiroler Verbän-den penibel geachtet, Kreuzungen mit anderen Pferderassen sind absolut verpönt. Der Erfolg scheint ihnen Recht zu geben, schließlich haben sie die Haflinger zum Markenzeichen für alpine Pferde gemacht, welche sich den verschiedensten Klimaten und Gegebenheiten anpassen können. So findet man sie sowohl in traditionellen Pferdeländern wie England – auch im Pferdebestand der Queen –, selbstverständlich in Deutschland, aber auch auf den texanischen Prärien oder im Hochgebirgsland Nepal, zu Füßen des Himalaya.

Eintauchen in die Seiser Duftoasen
(Nahbereich Naturpark Schlern-Rosengarten)

Anfahrt auf der Brennerautobahn A22 bis Ausfahrt Klausen, weiter über Waidbruck, Kastelruth, Seis – St. Valentin, Auffahrt nur bis 9 Uhr und nach 17 Uhr.

Die Wanderung auf der Suche nach dem vielfärbigen, wohlriechenden Kohlröschen beginnt am Parkplatz Compatsch. Gegenüber der Infotafel geht es der Beschilderung Puflatsch folgend links hinauf, zuerst auf der Asphaltsstraße, vorbei am Panoramalift, bis zum Wegweiser, der die Puflatsch-Umrundung anzeigt.

Rosarotes Kohlröschen   *Weißes Kohlröschen*

Ein schmaler Wiesenweg windet sich über die Hänge bergwärts, der hellviolette Schlangenknöterich schmückt die grünen Wiesen und lässt die spätere Vielfalt schon erahnen. Das Restaurant Puflatsch ist bald erreicht, und die weiten, sanften Hügel laden zum Schlendern ein. Bei der Weggabelung halten wir uns rechts Richtung Fillner Kreuz, links wäre die Kurzvariante zur Arnika-Hütte möglich. Immer wieder bleiben wir stehen und blicken rundum auf das größte Hochalmgebiet Mitteleuropas. Dass hier seit Jahrtausenden die Hochflächen kultviert wurden, beweisen Funde aus uralten Zeiten, sogar oben auf der Hochfläche des Schlern, der mit seiner kantigen, langgezogenen Form und der davor aufragenden Santnerspitze schon immer die Fantasie angeregt hat. Doch Übersinnliches gab es nicht nur hoch droben, auch die Puflatschalm mit den Hexenbänken ist mit unheimlichen Geschichten verbunden. Hexen wurden damals für das schlechte Wetter verantwortlich gemacht, und auch für verdorbene Milch gab es Schuldige, die tanzwütigen Geister. Friedlicher ist da schon die Engelsrast bei der Bergstation, eine neuzeitlich gestaltete, äußerst informative Panoramaplattform.

Der Weg gleitet auf und ab, durch die leicht hügelige Wiesenlandschaft, auch Sommerweide von legendären Haflingern. Die Suche nach den Kohlröschen führt immer wieder in die erblühenden Weideflächen. Das einköpfige Ferkelkraut leuchtet gelb auf langem Stiel und dickem Blütenkopf, Katzenpfötchen schmiegen sich an die Steine, das dunkle Blau der ersten Glockenblumen, die uns ab nun einen Bergsommer lang begleiten, fällt besonders auf.

Kräftige Aromen von Vanille, Schokolade und Zitrone erfüllen die klare Bergluft und geleiten zu den schwarz-purpurnen Kohlröschen, den kleinsten Orchideen der Welt, die hier die Matten verzaubern. So dicht stehen sie oftmals nebeneinander, dass jeder Schritt wohlüberlegt sein sollte, um ihnen keinen Schaden zuzufügen. Die farblichen Abweichungen gehen über Rot, Gelb, Sahneweiß, Rosarot, ja manchmal sogar Gescheckt, sind schon etwas schwerer zu finden und bedingen

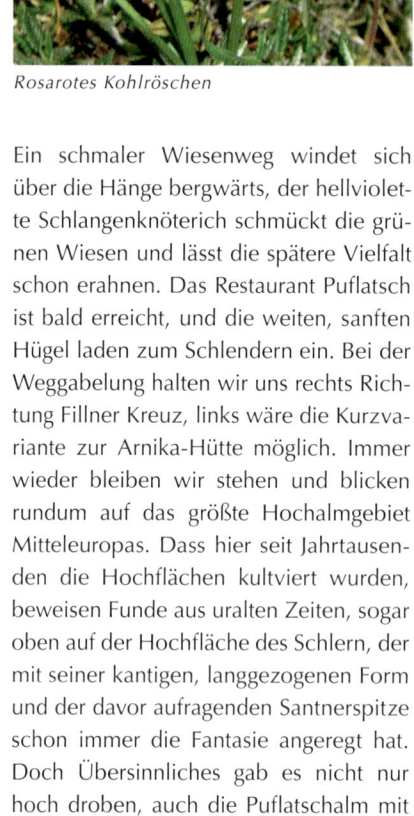

Rotes Kohlröschen

niederlassen, ist ein Abstecher in die umliegenden Almrosenhänge angebracht. In roten, rostigen Wellen strömen Polster über Polster der Alpenrhododendren über weiche Hügel, die trockenen Flecken dazwischen, garniert mit schwarzen, mit etwas Glück auch weißen, gelben oder rosaroten Kohlröschen.

Von der Arnika-Hütte folgen wir dem Fußweg Richtung Puflatsch-Hütte über saftige Almwiesen, bis wir schließlich die Puflatsch-Umrundung beim Ausgangspunkt beenden.

etwas Geduld und geübten Blick. Doch die Ausdauer wird belohnt.

Wenn wir den Blick von der Blütenpracht in die Weite heben, grüßen Peitlerkofel, Sass Rigais, die Sella-Gruppe, Lang- und Plattkofel, die Marmolata und schließlich der Schlern.

Die Hexenbänke, gigantische Felsbrocken, die entfernt an Sitzgelegenheiten erinnern und zu Sagen Anlass gaben, bleiben zurück, und wir nehmen den Weg vorbei am Goller Kreuz Richtung Arnika-Hütte. Bevor wir uns hier zur Rast

START: Compatsch (1.825 m)

KURZFASSUNG: Compatsch, Puflatsch-Restaurant, Fillner Kreuz, Hexenbänke, Gollner Kreuz, Arnika-Hütte, Compatsch

HÖCHSTE WEGSTELLE: Puflatsch (2.174 m)

HÖHENUNTERSCHIED: 350 m

REINE GEHZEIT: 3 Stunden

SCHWIERIGKEIT: ❀ ❀

TOURISMUS-INFO: 0039/471/709600

TIPP: Rosengärten am Urerhof in Pufels bei Kastelruth

Schloss Prösels

Exotisch, bizarr und verführerisch

16

Knabenkraut

Orchidee, Salepkraut
Orchis morio und weitere Arten
Familie: Knabenkrautgewächse
(Orchidaceae)

Von unseren einheimischen Knabenkräutern gibt es unzählig viele verschiedene Arten; deshalb versuche ich sie in ihrer Gesamtheit zu beschreiben.

Es sind mehrjährige, ausdauernde, krautige, mittelgroße Pflanzen mit kahlen Stängeln und saftigen, fleischigen, bodenständigen Blättern. Von den beiden kugeligen bis eiförmigen Knollen verwelkt eine zur Blütezeit, während sich die andere, prall gefüllt mit Nährstoffen, auf die nächste Saison vorbereitet. Beliebte Standorte sind intakte Moore und feuchte, ungedüngte Magerwiesen im Hügel- und Bergland. Je nach Witterungsverlauf blüht das Knabenkraut bereits ab Mitte April bis in den Juni. Es wird stets von Insekten umschwärmt, die durch Farbe und Geruch angelockt werden und durch ihre Bestäubung zum Bestand beitragen.

Die bizarren, reizvollen Blütenformen – reich gezeichnet, punktiert, gestrichelt oder einfach glatt in einer ungeahnten Farbpalette von Weiß bis Rosa, Rot und Violett bis zu dunklem Purpur – stehen am Stielende in aufrechten Ähren, und viele von ihnen bilden einen Helm.

Knabenkraut

Als historische Heilpflanze und heute noch als „Liebeswurzel" bekannt, verwendete man das Mehl der Knollen zur Wiedererlangung der Zeugungskraft, aber auch abergläubische Frauen aßen die stärkere der beiden Knollen, um daraufhin, so hofften sie, einen Sohn zu gebären.

Als Edelsteine unter den Blumen gehören die **Knabenkräuter** zu den schützenswerten Pflanzen.

Die Orchideenwiesen am Fuße des Weißhorns, wo zwischen Mai und Juli diese edlen Kostbarkeiten in einer Vielfalt, Formschönheit und großen Anzahl blühen, sodass keine andere Blume um diese Zeit mit ihnen in den Wettbewerb treten kann, sind dem Orchideenliebhaber längst kein Geheimnis mehr.

Viele Arten bestechen in ihrer Schönheit von Farbe und Form, stehen einzeln oder überziehen manchmal flächendeckend die Matten. Manche Blüten schauen uns an wie ein Tigergesicht, kalt und starr, andere sind von einer wunderbaren Eleganz und erinnern an schwingende Falter. Die einen entwickeln ihre Blüten in den höchsten Bäumen in den Tropen, während in unserer Heimat ausschließlich Erdbewohner vorkommen.

In der Volksheilkunde werden die schleim- und stärkehältigen Knollen (Salep) generell zur Reizmilderung angewandt. Eine einzige Art der riesengroßen Orchideenfamilie verwenden die Menschen als Nutzpflanze. Es ist ein Schlinggewächs, stammt aus Amerika und wird heute in tropischen Ländern angebaut: die Vanille, die

mit ihren schotenähnlichen Stangen, angefüllt mit weichem, schwarzem Brei und vielen Samen, als einzigartiges Küchengewürz, aber auch in der Schokoladenherstellung nicht mehr wegzudenken ist.

Wild und Wald

Bei einer unserer Wanderungen über dem Joch Grimm starten wir ganz früh. Es ist noch recht frisch, Tautropfen hängen an den Gräsern, benetzen die Hosenbeine. Die Sonne steht eben erst über den Spitzen des Latemar. In der Übergangszone zwischen den Wiesen und dem Latschengürtel finden wir einen umgestürzten Baumstamm, leidlich trocken, ein idealer Platz zum Sitzen und Beobachten. Wir verhalten uns still und warten.

Da, rechts unter uns bewegt sich etwas. Unendlich vorsichtig und scheu, durch das hellbraune Fell bestens getarnt, tritt eine Rehgeiß aus dem schmalen Waldstreifen. Dicht hinter ihr, noch etwas ungelenk auf

Blick in den Bletterbachcanyon

den Beinen, zwei Kitze, die weiße Blume leuchtet. Es ist eine Demonstration der besonderen Art. Die Geiß beäugt Gras um Gras, Blüte um Blüte, scheint zu überlegen, verwirft die eine, knabbert spielerisch an der anderen. Rehe sind wählerisch, das weiß jeder Jäger.

Nicht so wählerisch sind sie, wenn tiefer Schnee das karge Futter im Winter bedeckt. Dann sind die Spitzen von Fichten- und Tannenboschen auch dem Feinschmecker des Waldes gut genug.

Der Schaden, der dabei angerichtet wird, ist beträchtlich und bekümmert den Waldfreund. Einmal verbissen, geht ja noch hin. Doch beim zweiten Mal entstehen unausweichlich Zwiesel, der Baum wird spätere Generationen nicht mehr freuen. Vom Schaden an Tannenschösslingen gar nicht zu reden. Die sind schließlich zarter und schmecken noch besser. Der dunkle Tann unserer Vorfahren wird so immer seltener, Fichte ist als Bauholz beliebt, wird also vom Waldbesitzer gefördert, den Rest besorgt das Wild.

Ähnlich geht es den schlanken Lärchen, zwar für ihr vorzügliches Holz geschätzt, aber kaum aufzubringen. An ihnen fegt der Rehbock sein neues Geweih, reibt seine Duftmarkierung, die Bäumchen überleben es kaum. Wenn dann noch der Hirsch das Seine dazutut und Stämme schält, die schon richtige junge Bäume sind, beginnt man über das Gleichgewicht zwischen Wild und Wald nachzudenken. Natürliche Feinde gibt es kaum mehr. Bären, Wölfe, Luchse, wie auch Adler und Geier sorgten früher einmal dafür, dass der Wildbestand niedrig gehalten wurde. Heute ist das Regulativ die Büchse des Jägers, der Maßstab für die sogenannte Hege, die Trophäe.

Einköpfiges Ferkelkraut am Fuße des Weißhorn

Die ersten Wanderer erklimmen den Steig zu unseren Füßen. Die Rehe schrecken auf, verschwinden im Legföhrengürtel, sind nicht mehr zu sehen.

Das Weißhorn – ein Füllhorn
(Nahbereich Naturpark Trudener Horn)

Anfahrt über Brennerautobahn A22, Ausfahrt Bozen Nord, durch das Eggental bis Abzweigung Lavaze Joch, hier rechts abbiegen zum Jochgrimm (Passo di Oclini), Parkplatz.

Zwischen Schwarz- und Weißhorn beginnt unsere Wanderung. Der Kontrast könnte nicht größer sein. Im Rücken die verwitternden Porphyrhänge und Fichtenwälder des Schwarzhorns, umgeben von Almwiesen, teilweise vom Wald zurückerobert. Vor uns ein Bild des Weißhorns, das die Besucher der dahinter liegenden Bletterbachschlucht nicht erwarten würden.

In die blumenübersäten Wiesen mischen sich farben- und formprächtig die etwas exotisch anmutenden Orchideen in Violett-, Gelb- und Weißtönen, und ihr Massenauftritt in dieser wilden Unberührtheit grenzt an ein botanisches Wunder, dem wohl jeder Blumenliebhaber verfallen

Germer, gemischt mit Storchschnabel *Knollenknöterich*

muss. Wahre Riesenexemplare des einköpfigen Ferkelkrautes stehen robust in herrlich gelben Blüten zu Füßen des Weißhorns, es folgt ein tannengrüner Latschengürtel, gespickt mit dem kräftigen Rot der Almrosen, auf durchschimmernden Schutthalden aus weißen Dolomitkalken, darüber der zerklüftete, felsige, helle Gipfel.

Weg H, auch „Gampelsteig", führt zunächst die Almwiesen aufwärts, die mit Platten gepflastert sind, um der Erosion im weichen Gelände vorzubeugen. Links und rechts des Weges blüht es in üppiger Vielfalt. Polsterbildende Bergsonnenröschen im hellsten aller Gelbtöne, weiße Moschusgarben, orange geflammte Körbchen des Gold-Pippau und die gelben des zottigen Habichtskrautes, lila-weißes Fettkraut, dort und da das dunkelblaue Leuchten des Bayrischen Enzians und daneben die hellblaue, bärtige Glockenblume, die ihre behaarten Kelche im Wind schüttelt.

Der Weg erreicht alsbald eine Ruhebank und durchquert die ersten Latschen,

um sich dann zu teilen. Der Weiße Germer erreicht hier eine beeindruckende Größe, seine unzähligen weiß-grünen Einzelblüten sehen fremdartig und giftig aus. Er tut sich mit den flatterhaften, zarten, lila-weißen Blüten des Storchnabels auf einem freien Fleck mitten in den Latschen in harmonischer Kombination zusammen. Der „Neue Steig" leitet direkt zum Gipfel, wir jedoch beachten die Markierung „H" auf einem Felsen und gehen auf das Gampel zu. In einer Höhe von etwa 2.000 Metern schlängelt sich der Pfad vorerst eben, dann leicht absteigend, zum Teil über offene Almwiesen, schließlich auf den seitlichen Rücken der Bletterbachschlucht über der Gorz. Der erste Blick ist überwältigend. Der berühmte Canyon liegt unter dem Wanderer, mit all seiner Schichtung von Porphyr, Sandsteinen und Dolomit. Von rechts kommt Weg 5 herauf und bringt uns nun in steilem Anstieg zum Gipfel.

Aufmerksames Steigen ist geboten, trittsicher und schwindelfrei sollte man

Weißgelbe Weißzunge

mitenteufelskralle, die hier den Extremen der Witterung trotzt. Der Abstieg folgt zunächst der Beschilderung „Jochgrimm" und „Gurndin Alm", zu letzterer zweigt bald nach dem Gipfelaufbau der Weg nach rechts beschildert ab. Durch Latschenfelder und Felsgeröll trifft dieser auf Weg „H", der aus der Schlucht kommend zur Gurndin Alm bringt. Beim Verlassen des Latschengürtels fällt die Entscheidung schwer. Unten rechts liegt die stark frequentierte Einkehr, den Blumenfreund jedoch lockt ein Steig durch die unvergleichlichen Orchideenwiesen. Dieser beginnt beim mächtigen Wassertrog, aus einem Baumstamm geschnitten, und führt um die Hänge am Fuß des Weißhorn in etwa 30 Minuten zum Plattenweg zurück. Als letzten Eindruck nehmen wir den Duft der Blumenwiesen, die bedächtigen Rinder, das helle Klingen der Glocken und die reizvollen Farben der Orchideen mit.

sein. Doch zum Stehenbleiben und Hineinschauen in Millionen Jahre Geologie, Blicke zum bizarren Gipfelaufbau und nicht zuletzt auf die grellgelben Farbtupfer des Alpenmohn, der es versteht, mit dem Schutt in den hellen, steilen Schutthalden mitzufließen, ist immer Zeit.

Nach kurzem, doch steilem Anstieg ist der Gipfel erreicht. Noch einmal ein Blick in die aufschlussreiche Schlucht, dann eröffnet sich die Aussicht in alle Richtungen der Windrose. Uns zu Füßen freilich finden wir Miniaturen der Dolo-

START: Jochgrimm (1.989 m)

KURZFASSUNG: Jochgrimm, Gampel, Weißhorn, (Gurndin Alm), Jochgrimm

HÖCHSTE WEGSTELLE: Weißhorn (2.317 m)

HÖHENUNTERSCHIED: 350 m

REINE GEHZEIT: 4 Stunden

SCHWIERIGKEIT: ❀ ❀ ❀ ❀ ❀

TOURISMUS-INFO: 0039/471/886800

TIPP: Für versierte Bergler ist die Durchquerung der Bletterbachschlucht, so offen, möglich.

Grellgelbe Lampions schweben

17

Rhätischer Alpenmohn

Gelber Alpenmohn
Papaver rhaeticum
Familie: Mohngewächse
(Papaveraceae)

Die mehrjährigen, einblütigen Alpenmohne mit weißer, gelber oder oranger Krone nehmen eine Sonderstellung ein. Die überaus zarten, farbenfrohen Blüten gedeihen inmitten von grauen Schutthalden und Moränen im Kalk- und Dolomitgestein, und ich glaube, es ist der Kontrast, der diesen Zauber entwickelt.

Der Gelbe Alpenmohn kommt am häufigsten vor, wird 5 bis 20 Zentimeter hoch, mit oft zahlreichen steifhaarigen Stängeln, fein gefiederten Blättern und vier strahlend gelben, zerknitterten und doch so glatt wirkenden Kronblättern. Die leicht duftenden Blüten erscheinen im Juli und August aus einer nickenden Knospe und entspringen der starken Pfahlwurzel, die mit hangaufwärts ziehenden Wurzeln der Pflanze Halt gibt.

Gelb glänzt als häufigste Blütenfarbe besonders stark, wie lackiert, und zieht sehr erfolgreich Insekten zur Befruchtung an. In einer ovalen Kapsel reifen die Samen und werden vom Wind verstreut.

Auf Schutthalden, kleinen Trassen zwischen groben Felsblöcken oder in Felsspalten zu wachsen, die alle auf den ersten Blick ohne Humus scheinen, ist für Spezialisten unter den Alpenpflanzen

Rhätischer Alpenmohn

der beste Weg, lästige Konkurrenz durch andere Arten zu vermeiden. In unserem Fall ist es der Gelbe Alpenmohn, der mutterseelenalleine im Geröll steht und Farbe zwischen die Steine pinselt.

Die markanten weißen Schutthalden, deren Geröll vom darüber liegenden Gipfelaufbau oft weit in die Täler fließt, sind für die Dolomiten charakteristisch. Der Kalk macht es dem Wasser sehr leicht, in seine Risse und Spalten einzudringen. Gefroren dehnt es sich aus, vermag Gestein sogar zu sprengen, um ständig neuen Gries mit dem Schutt nach unten zu schicken, wo er sich schließlich staut. In diesen riesigen Steingärten, wo es rutscht und rollt, der Untergrund also niemals

ruht, scheint zartes Pflanzenleben unmöglich zu sein.

Und doch gibt es auch hier Spezialisten, die fest verwurzelt im Boden stehen
und vielleicht deshalb den Blütenkopf
zum Träumen frei haben. Farbintensiv
leuchten sie aus dem Grau, allen voran
der **Gelbe Alpenmohn**, der als Schuttwanderer in den Halden die erste Gei-
ge spielt und edle Akzente setzt. Seine
fröhlichen, sonnengelben, flatterhaften
Kelche zeigen sich in feinstem Blütentüll,
wirken wie zerknittertes Seidenpapier,
spüren jede Brise und blühen unermüdlich. Zwei Meter lang ist seine Pfahlwurzel, die er ins Geröll krallt, von ihr gehen
lange Wurzeltriebe aus, die es verstehen,
mit dem Schutt zu wandern. Eine andere, raffinierte Strategie hat das Alpen-
Leinkraut entwickelt. Es durchkriecht
mit seinen Wurzeltrieben das Geröll und
oberflächlich liegt es nur leicht auf. Die
ausgedehnten Teppiche der Silberwurz

wiederum halten mit ihrem Polsterwuchs
den Schutt fest und stabilisieren ihn. Dadurch entstehen immer größere, ruhende
Pflanzengemeinschaften mit Blaugras
oder Horstsegge, allesamt auf dem Vor-
marsch, die Steinwüste zu erobern und
ihr ein buntes Kleid zu geben.

Leben im fließenden Schutt

Die meisten Formen, die dem Wanderer
in der Bergwelt begegnen, sind unregel-
mäßig. Kein Gipfel gleicht dem anderen
und jede Bergwiese hat ihr unverwech-
selbares Relief. Doch dazwischen liegt
oft, fast wie mit dem Lineal gezogen, ein
ebenmäßiger Kegel.

Unterhalb von Gipfeln und Wänden
erstrecken sich Halden, vermeintlich
starr und öd und doch belebt und in Bewegung. Wie ein Panzer umgeben sie
Stöcke und Massive, geschaffen von den

Schutthalden im Latemar

Krümeln, die von den majestätischen Tafeln fallen.

Solange der Gesteinskörper im Untergrund lag, schien er unveränderlich. Doch mit der Hebung bei der Gebirgsbildung setzten Verwitterung und Abtragung ein, sobald die atmosphärischen Kräfte ihr Spiel begannen. Zusammensetzung und Gefüge veränderten sich.

Am augenscheinlichsten und spektakulärsten geschieht dies im Hochgebirge. Massive Brocken lösen sich, unter Getöse stürzen sie mit verheerender Gewalt ins Tal. Die Verursacher sind Schmelzwässer und Niederschläge, im Zusammenwirken mit frostigen Temperaturen. Zur Frostspaltung tritt häufig Temperaturverwitterung, die Zerlegung in immer kleinere Teile ist die Folge. Das feine Verwitterungsmaterial fällt in die Lücken zwischen größeren Blöcken, wird auch ausgeblasen und abgespült, an der Oberfläche herrscht blockiges Material vor. Die Trümmer sind scharfkantig, widersetzen sich dem Transport ein wenig, häufen sich schließlich, der Schwerkraft folgend, in einer Halde an. Durch die Sturzsortierung ist das gröbste Material an der Basis zu finden, nach oben hin wird es feiner und bedeckt schließlich den anstehenden Fels. Die größte Mächtigkeit findet sich im mittleren Bereich, erreicht aber selten mehr als zehn Meter Dicke.

Schutthalden sind veränderlich, doch wenn sie erst einmal die ideale Neigung gefunden haben, sind die fächerförmigen Ablagerungen relativ stabil.

Die Verwitterung bewirkt im Lauf der Zeit eine zwar nur bescheidene Bodenbildung, doch Pioniere der Hochgebirgspflanzen entwickeln verblüffende Stra-

Punktierter Enzian

tegien, um die kargen Schuttböden zu besiedeln. Wiederholte Massenzufuhr von oben ebenso wie Abtragung durch Niederschläge oder Zerstörung durch Lawinen mögen irritieren, doch vernichten lässt sich ein Schuttsiedler nicht so leicht.

Die schönste Zierde im grauen Schutt der Zischgalm
(Nahbereich Naturpark Schlern-Rosengarten)

Auf der Brennerautobahn A22 zur Ausfahrt Auer/Neumarkt. Über Montana ins Fleimstal, Richtung Cavalese, bei Tesero abbiegen zur Alpe Pampeago. Von hier entweder mit dem Lift (ab Ende Juni) oder dem Auto zur Zischgalm.

Bei der Anfahrt von Auer empfiehlt sich ein Blick auf die historisch und naturkundlich interessante Hochfläche von Castelfeder mit ihren baulichen Relikten aus der Antike sowie den fast mediterranen Trockenrasen.

Der Ausgangspunkt unserer Wanderung ist die Zischgalm auf 2.000 Metern.

Echter Alpenklee

Langblütige Primel

Nach dem schneereichen Winter sind manche Steige und Markierungen noch nicht wieder hergestellt, doch der Weg zum Satteljoch (Passo di Feudo) und der Feudo-Hütte oberhalb ist über der Zischgalm und Ganischer Alm deutlich erkennbar (Schilder fehlen teilweise). Bei der Bergstation des Latemarliftes beginnt der Pfad und steigt leicht über die Matten, übersät mit gelben Blütenträumen, aufwärts zum Schutzhaus. In allen Nuancen und Schattierungen türmt der Punktierte Enzian seine Glockenblüten auf, die fetten Kugeln der Trollblume, zarte Anemonen, Hahnenfuß, Löwenzahn, Brillenschötchen, Pippau, Habichtskraut, Horn- und Hufeisenklee und Sonnenröschen stehen dicht an dicht – gelbe Wellen, soweit das Auge reicht.

Ein kleines, schmales Steiglein gleich unterhalb führt hinüber zum Satteljoch und dann ebenso zur Hütte.

Von der Alpe di Pampeago herauf klingen die Glocken der ersten Almkühe aufgeregt und voll Vorfreude auf den Bergsommer. Wir erreichen die Hütte, die

Provinzgrenze zum Trentino wird wieder einmal überschritten, vom Rifugio di Passo Feudo tut sich im Süden die imposante Lagoreigruppe auf, gegen Osten die Höhen der Marmolata. Weg 22 gibt als Ziel die Meierlalm an, doch vorerst geht es über den Rücken aufwärts.

Hier überrascht die langstielige Primel, im zarten Rosé, das manchmal fast ins Lila geht, wesentlich eleganter als ihre mehlige Verwandte, das ausgedehnte Polster des Alpenklees in seiner typischen Fleischfärbung, gleich daneben der etwas düster wirkende Alpenhelm in Schwarz-Violett, altrosa Katzenpfötchen, die – genauer betrachtet – wirklich an diese erinnern, Astern in Flieder mit goldener Mitte, edles Knabenkraut in Violett tut sich mit den purpur-braunen Kohlröschen zusammen, und das Läusekraut entzückt durch ein keckes Blütenkleid. Ein perfektes Ensemble in Rosa- und Lilatönen.

Weiter auf den zerfallenen Gesteinsschollen, die wegen ihrer plattigen Struktur zu Steinmandln verwendet werden. Bei der Abzweigung zur Latemar-Hütte ist

Läusekraut

Alsbald liegt die Meierlalm unter uns. Ein letzter Blick auf die Vielfalt der Gesteine mit ihren Abdrücken von Pflanzen- und Tierresten aus Urzeiten, schwarze, polsterige Lavasteine. Die verdiente Einkehr wartet.

der höchste Punkt erreicht, über uns die zu Recht so genannten Türme von Pisa, links des Weges zahlreiche Hohlformen des Karst im Kalkgestein; durch Felsgeröll und riesige Gesteinsbrocken, alle im typischen Grau des Latemarkalkes, geht es nun leicht abwärts. Ein kunterbuntes Allerlei erwartet uns.

Die blitzblauen Schusternagerl und Enziane stehen neben den Sternen der zarten weißen Anemone und den kräftigen der Silberwurz, Pölsterchen des Alpensonnenröschens in wärmendem Gelb, und immer wieder sticht das knallige Kaugummirosa des Stängellosen Leimkrautes als Blickfang ins Auge. Die Krautweide, als kleinster Baum der Welt bekannt, mit einem jährlichen Zuwachs von circa einem Millimeter und arktisch-alpiner Herkunft, breitet sich auf den Steinen aus.

Und siehe da, schon zittern im Höhenwind des Jochs die ersten vereinzelten gelben Blüten des Alpenmohns wie Signale aus dem kargen Gestein und bringen Leben und Freude.

START: Zischgalm (2.000 m)

KURZFASSUNG: Zischgalm, Rifugio Passo di Feudo, Weggabel Meierlalm, Zischgalm

HÖCHSTE WEGSTELLE: Weggabel (2.250 m)

HÖHENUNTERSCHIED: 250 m

REINE GEHZEIT: 3,5 Stunden

SCHWIERIGKEIT: ❀ ❀

TOURISMUS-INFO: 0472/613126

TIPP: Abstecher zur Latemar-Hütte oder zum Geologischen Lehrpfad Dos Capel

Bunte Blumenzwerge

18

Blaues Mänderle

Paederota bonarota
Familie: Rachenblütler
(Scrophulariaceae)

Versteckt im hellen Dolomit- und Kalkgestein thront, stellvertretend für die ganze Reihe alpiner Vertreter der Blumenzwerglein, das Blaue Mänderle. Verlockend lacht es aus den Felsritzen und ist auch unter dem Namen Dolomiten-Ehrenpreis bekannt. Das ausdauernde, krautige Pflänzchen von 5 bis 15 Zentimetern Wuchshöhe und eiförmig bis rundlich-markant gesägten Blättern sitzt in den wetterfesten Logenplätzen und genießt die „Wärmefalle", die in den Nischen entsteht. Die traubig angeordneten Blüten tragen dunkles Violett, rollen sich trichterförmig zu kleinen Spitztüllen mit langen, herausragenden Staubblättern. In der Blütezeit zwischen Juli und August wächst das Blaue Mänderle zerstreut und eher selten im ganzen Verbreitungsgebiet von Nördlichen und Südlichen Kalkalpen bis in die Julischen Alpen, von den Tälern bis auf 2.500 Meter aufsteigend, und zieht mit seinem eigenwilligen Wuchs in den Bann.

All diese winzigen Sonnenkinder, die immer in Kletterlaune sind, können wegen der klimatischen Bedingungen an Längenwachstum gar nicht denken, deshalb haben sie nur eines im Sinn: so schnell wie möglich zu wachsen, zu blühen und zu fruchten, um sich vermehren zu können.

Blaues Mänderle

Das Steiglein zieht sich in den Schrofen am Rand der Almwiesen entlang. Die Kampfzone einzelner knorriger Zirben ist längst erreicht, und Spuren der Urkräfte, die jahrzehntelang an ihnen nagten, sind deutlich zu sehen.

Wie hart muss dann erst das Leben im Hochgebirge für die winzigen Blumenzwerge – so auch das Mänderle – sein? Viele Monate im Jahr herrscht tiefster Winter, Frühling und Herbst fallen so gut wie aus, deshalb ist auch ihre Produktionsperiode auf kürzeste Zeit beschränkt. In der Blütezeit sind es plötzliche Fröste, die den Pflanzen zusetzen. Dazu kommt die Sonneneinstrahlung, die in der klaren Bergluft besonders intensiv wirkt, gefolgt von eiskalten Nächten. Extreme Temperaturunterschiede sind zu meistern! Gerade dieser Wechsel beansprucht die Pflanzen besonders stark. Der Wind tut das Seine dazu. Er trocknet Blätter und Wurzeln aus, und nur durch den Schutz der Schneedecke ist der vernichtende Angriff der Frosttrocknis zu verhindern. Hochgebirgspflanzen müssen Spezialisten in der Stressbewältigung sein. Sie haben spezielle Anpassungen in Körperbau, Stoffwechsel und Verhalten entwickelt, auf die ich im nächsten Kapitel näher eingehe.

Die kurze Blütezeit der Blumenzwerge im Hochgebirge ist ein Naturerlebnis der Extraklasse. In den Sommermonaten strahlen unzählige, kräftig gefärbte Blüten unglaubliche Lebenskraft aus – fast so als würden sie spüren, wie kurz ihre „gute Zeit" ist.

Ein Atoll in den Alpen

Auf dem Steig durch die Schutthalden zu Füßen des Langkofels begleiten uns Felsenschwalben und Mauersegler. In vertrauten, geschmeidigen Bögen gleiten sie durch die Lüfte. Der Wunsch, es ihnen gleichzutun, kommt auf.

Vor gut 230 Millionen Jahren wäre zumindest eine schwerelose Umrundung der Wände und Türme möglich gewesen. Der Ort war freilich ein anderer. Der Kontrast könnte nicht größer sein.

In Gedanken tauchen wir in einen warmen, tropischen Ozean. Zwei Urkontinente umschlingen das seichte Tethysmeer. Die Lebensbedingungen für Korallen sind ideal. Die Wassertemperatur pendelt zwischen 20 und 28 Grad. Vom Meeresboden bis zur Oberfläche sind es kaum mehr als 50 Meter, das Sonnenlicht dringt ein und gibt Energie. Wir befinden uns unweit des Äquators.

Korallentiere saugen das Meerwasser ein, entnehmen Nahrung, scheiden Kalk aus. Langsam, unbeschreiblich langsam, entstehen verästelte Kalkstöcke, welche wiederum einer Vielzahl von Meeresbewohnern einen Lebensraum bieten. Mu-

Langkofelgruppe

Blick über gelbe Matten auf den Naturpark

scheln, Krebse, Seeigel, Schwämme und Schnecken leben und sterben hier, alle gemeinsam bauen sie das Riff auf.

Über Jahrmillionen wächst es dem Meeresspiegel entgegen. Stete Senkung des Untergrundes verhindert meist, dass die Oberfläche erreicht wird. Falls doch, breitet sich das Riff horizontal aus, der Bogen des Riffsaumes wächst weiter ins Meer hinaus. Wenn Wellen mit ihrer zerstörerischen Kraft Teile des Riffs brechen, so fallen diese als Schutt zum Meeresboden, zugleich mit all den anderen Ablagerungen, die über Millionen Jahre tausende Meter Dicke erreichen.

Dies ist eine geologisch unruhige Zeit. Die beiden Kontinente driften auseinander, die Tethys macht sich auf den Weg nach Norden. Submarine Vulkanausbrüche ergießen ihre glutflüssige Lava um die kunstvollen Bauten der Korallen. Ihre Hitze und die schwefeligen Auswürfe bringen das Wachstum immer wieder zum Erliegen. Folgende Epochen bringen die an anderer Stelle beschriebene Dolomitisierung und schließlich ein nach geologischen Begriffen behutsames Anheben der Gesteinpakete in immer größere Höhen. Mit dem Anstieg erfolgt gesetzmäßig vermehrte Abtragung, weichere Gesteinsteile geben nach, härtere werden herausmodelliert.

So bietet sich heute die Langkofelgruppe als Relikt einer entfernten Epoche dar. Der Außenkranz blieb stehen, nach Nordwesten ist das Atoll geöffnet. Reste der vulkanischen Tätigkeit zeigen markante Aufschlüsse im Bereich der Friedrich-August-Hütte, die charakteristischen Pillowlava- Felsen, drüben unterhalb des Berghauses Dialer; unfern davon liegt die intensiv riechende Schwefelquelle.

Durch buntes Mosaik rund um Lang- und Plattkofel

(Nahbereich Naturpark Schlern-Rosengarten)

Anfahrt auf der Brennerautobahn A22, Ausfahrt Klausen durch das Grödental bis zum Sellajoch Parkplatz.

Den Dolomiten nähert man sich ehrfurchtsvoll. Bei der Auffahrt zum Sellajoch beeindruckt die schiere Masse und kantige Form des Sellastockes. Dann liegen weich modellierte Almmatten, überragt von schroffen Wänden und Türmen, im Schein der Morgensonne. Die Größe der Parkplätze lässt ahnen, welche Anziehung dieser Fleck auf die Besucher hat.

Vom Ausgangspunkt beim Sellajochhaus wenden wir uns nach rechts und betreten auf Weg 526, Richtung Comici-Hütte, die mit Bergblumen übersäte Steinerne Stadt. Zwischen mächtigen Felsbrocken schlängelt sich der breite Fußweg durch das Felssturzgelände fast eben dahin und erreicht in kurzer Zeit die Almmatten im Bereich der Comici-Hütte, zwar als Skipisten ein wenig zweckentfremdet, doch den zahlreichen Liften zum Trotz von verblüffendem Artenreichtum.

Von der Comici-Hütte zunächst auf dem Fahrweg leicht abwärts, erreichen

Stängelloses Leimkraut　　　　　　　　　*Bewimperte Alpenrose*

wir bald die Abzweigung 526a, welche in weitem Bogen durch die Abhänge, Schuttfelder und Felsbrocken am Fuß des Langkofels führt.

Die steilen Wände und Spitzen über uns erinnern an die Entstehung des Gebirgsstockes im warmen Meer der Urzeit, der Schutt an die zerstörerische Wirkung kälterer Epochen.

Dunkle, senkrechte Bänder auf den Felswänden deuten auf Vorkommen von Blaualgen hin, hier gehört die Welt jenen, die hoch hinaus wollen, also den wahren Bergsteigern unter den Pflanzen, die die Höhe lieben, sich den kalten Wind um die Blüten wehen, sich die Sonne aufs Haupt scheinen lassen und mit Temperaturunterschieden und kurzen Vegetationsperioden keine Probleme haben. Zu diesen Pionieren gehört das Stängellose Leimkraut, das uns mit seinen lebhaft gefärbten Blüten, die auf flachen grünen Polstern wie hineingesteckt wirken, die ganze Umrundung begleitet. Viele verschiedene Steinbrecharten, das blau-violette Alpen-Leinkraut mit orangen Rachenblüten oder die gelben Lichtpunkte des Rhätischen Alpenmohns, verblüffen durch ihr beharrliche Überlebensstrategie

im labilen Gleichgewicht der Schutthalden, sowie das weiße, einblütige Hornkraut und die himmelblauen Sternchen des Alpen-Vergissmeinnichts, die auch dort zuhause sind. Das Täschelkraut fällt durch die zarte Lilafärbung, manchmal auch in zartem Rosé, mit eng aneinander gekuschelten Blüten auf.

Liebe auf den ersten Blick war für uns die Dolomiten-Schafgarbe, der wir hier zum ersten Mal begegneten. Ihr Blumengesicht erinnert an eine Margerite, in Weiß, der Farbe der Freude, in zeitloser Schönheit. Ihre Blättchen sind fein gefiedert. Ebenso erinnert die Gämswurz, hier stark vertreten, an eine Margerite, jedoch mit dottergelben Zungenblüten. Und wie der Name schon sagt, sind die schönen Blütenköpfchen Lieblingsfutter der Gämsen.

Am Rand der mächtigen Felsen halten sich die Hochstauden von Meisterwurz, Gelbem Eisenhut, Weißem Germer und Alpendost.

Leicht ansteigend, durch Felsbrocken, einzelne Zirben, Latschen und leuchtend rosarote Polster der behaarten Alpenrose, erkennbar an der grünen Unterseite des Blattes und am kleinen Wuchs, erreichen wir die Kreuzung mit dem Wanderweg vom Monte Pana-Lift her und folgen diesem weiter nach links, absteigend als Weg 625.

Die Spitzen der Geislergruppe, mit dem markanten Sass Rigais, bleiben im Rücken, draußen liegt die Seiser Alm mit den brettelebenen Confinböden direkt unter uns, die steilen Abbrüche des Langkofel und seiner Türme ragen jäh zum Himmel. Hinunter geht es ins Langkofelkar, dann wieder aufwärts auf den Plattkofel zu, der nun in stetigem Aufstieg auf dem Ladinischen Höhenweg 527 umrundet wird.

Die Almböden der Murmeltier-Hütte und der Zallinger-Hütte lassen wir rechts unten liegen, der Weg steigt steil an, schließlich wird die Plattkofel-Hütte am Fassa Joch erreicht.

Der mit Recht äußerst populäre Friedrich-August-Weg bietet ein packendes Panorama und Blumenparadies. Direkt aus den Felsritzen wächst das Blaue Mänderle mit fleischigen Blättern und eigentümlichen Blüten. Im zarten Rosé überziehen die Blütenpolster des Dolomiten-Fingerkrautes die Steine. Beide harmonieren perfekt mit dem hellen Grau der Felsen.

Links oben die Schrofen des Plattkofels, zur Rechten die Gipfel des Rosengartens, weiter draußen das Marmolata-Massiv. Dazu der bequeme Fußweg zunächst zur Sandro-Pertini-Hütte mit den charakteristischen Zirben; weiter über die nach unten steil abfallenden bunten Bergwiesen.

Immer wieder ist die Grasnarbe aufgerissen, Hänge rutschen auf dem plattigen Material, der Keller unter dem Dolomit tritt dunkelbraun bis schwarz-vulkanisch zutage.

Von der Friedrich-August-Hütte begleiten uns der Duft von Kohlröschen, die Glocken des Punktierten Enzians und die orange-gelben Sterne der Arnika, und ein breiter Fahrweg bringt uns zügig zurück zum Ausgangspunkt.

START: Parkplatz Sellajoch (2.244 m)

KURZFASSUNG: Sellajoch, Comici-Hütte, Plattkofel-Hütte, Friedrich-August-Hütte, Sellajoch

HÖCHSTE WEGSTELLE: Plattkofel-Hütte (2.300 m)

HÖHENUNTERSCHIED: kaum – doch ständig auf und ab

REINE GEHZEIT: 6 Stunden

SCHWIERIGKEIT: ❀ ❀ ❀

TOURISMUS-INFO: 0039/471/706333

TIPP: Grödner Schnitzer

Im August Edelweißwiese zwischen Sandro Pertini- u. Plattkofel-Hütte auf den Wiesen

Die Sellajochwiesen sind bekannt für die reiche Arnikablüte

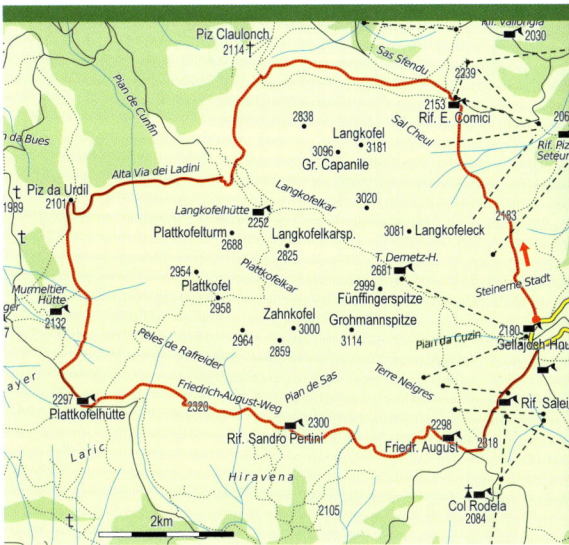

Es treibt Knospe um Knospe

19

Dolomiten-Fingerkraut

Potentilla nitida
Familie: Rosengewächse
(Rosaceae)

Begegnen uns oft meterbreit ausgebreitete, silbrig schimmernde Polster, geschmückt mit tausenden rosa Knospen und Blüten, die Fels und Schutt wie einen Teppich überdecken, dann haben wir Bekanntschaft mit dem Dolomiten-Fingerkraut gemacht. Im Blütenpolster werden die abgestorbenen Blätter zersetzt – die Pflanze bildet sich ihren Humus also selbst.

An sonnigen Kalk- und Dolomitfelsen von 1.200 bis 3.100 Metern Höhe schillern seidig und dicht behaart die dreiteiligen Blätter, um dadurch der Verdunstung und starken Sonneneinstrahlung entgegenzuwirken. Mit den großen, in allen Rosé-Nuancen gefärbten Blüten, die einzeln an kurzen Stängeln sitzen, will die Pflanze weithin auffällig leuchten, um mit ihrer üppigen Blütenfülle Insekten zur Bestäubung anzulocken. Im Inneren der Blüte stechen die anregend purpurroten Staubfäden und Griffel ins Auge.

Wenn das Dolomiten-Fingerkraut zwischen Juni und August in berührender Zartheit tausende duftige Blütenkelche öffnet, Schutt und Geröll staut und mit unglaublicher Widerstandskraft Stein- und Schneelawinen trotzt, dann ist das wie ein Wunder. Es ist eines dieser Lu-

Dolomiten-Fingerkraut

xusgeschöpfe in den Dolomiten, die regelrecht berauschen.

In einer bekannten slowenischen Sage galt das Dolomiten-Fingerkraut als Wunderblume, die alle Leiden der Menschen heilen konnte.

Widerstandsfähigkeit und Anpassung als Überlebensstrategie gehören für die Spezialisten der Pflanzenwelt im Hochgebirge zum Alltag.

Durch den Polsterwuchs perfekt an Extremsituationen angepasst und stellvertretend für einige hundert Polsterpflanzen, die es gibt, stellt sich das **Dolomiten-Fingerkraut** auf unserer Wanderung vor. Blätter, Knospen und Blüten kuscheln sich eng aneinander, um zusammen besser den Unbilden der Natur zu trotzen, eine sehr verbreitete Strategie. Windgepeitschten Eiskristallen und Gesteinsschliff halten die erfinderischen Pflänzchen ihre ledrigen oder dicht behaarten Blätter entgegen. Diese wirken auch der Vertrocknungsgefahr in strengen Wintern und der Strahlenglut des Sommers entgegen, zudem nutzen sie die Bodenwärme aus und halten die Erde feucht.

Sehr erfinderisch und effektiv ist der Zwergwuchs, der für fast alle Alpenpflanzen typisch ist. Sie brauchen nicht in die Höhe zu schießen und können ihre Energie für wichtigere Zwecke nutzen. Sie bleiben winzig klein und nutzen so den Wärmespeicher des Bodens.

Ein anderer Weg, das Ziel „Überleben" zu erreichen, ist bei den Frühblühern beliebt. Krokus, Soldanelle, Anemone und Erika bilden ihre Blühknospen schon im Herbst aus und werden gleich nach

der Schneeschmelze förmlich aus dem Schnee geboren.

Insekten, die für die Bestäubung der Pflanzen wichtig sind, werden mit jedem Höhenmeter rarer. Auch hier hat sich die kleine Gesellschaft etwas einfallen lassen. Leuchtende Blütenkleider und betörender Duft sind des Rätsels Lösung!

Wüst und leer?

Der Vergleich mit der Mondoberfläche wird gerne bemüht, um die Hochflächen von Crespeiner, Gardenacia und Puez zu beschreiben. Doch so leblos und unveränderlich ist das beliebte und faszinierende Wandergebiet nicht; gar manches zeigt sich dem aufmerksamen Betrachter. Zunächst erweckt die recht unterschiedliche Gestaltung des Reliefs unser Interesse. Vom Crespeiner Joch stechen beim

Blick ins Chedultal

Rückblick die bizarren Riffspitzen der Cirkette ins Auge. Hier konnte die Erosion ungehindert zusetzen.

Unter uns das türkisfärbige Auge des sagenumwobenen Sees, ein Kind der wasserstauenden Raibler Schichten, sandig, tonig, in farblichem Kontrast zum Schlern und Hauptdolomit. Auch der Schlerndolomit verdankt den schützenden Schichten seinen Aufbau in massiven Stöcken und Blöcken, die nur am Rande der Erosion ausgesetzt sind und dann auch sofort schroff abbrechen.

Der helle Hauptdolomit lagert darüber und ist so den Angriffen der Erosion schutzlos ausgeliefert. Die weiten Hochflächen sind bleiche Zeugen des angreifenden Karstes. Die Attacken erfolgen chemisch und physikalisch. Durch CO_2-haltiges Regenwasser wird das Kalzium des Dolomits gelöst. Nicht plötzlich, wie ein Würfel Zucker im Tee, sondern dem menschlichen Auge nicht sichtbar, in langen Zeiträumen. Die Fließwirkung des Wassers trägt das Ihre bei. Es entstehen zuerst kleine, dann immer tiefere Klüfte, Rinnen und die sogenannten Karren, die dazwischen stehen gebliebenen Felsreste. Das Wasser versickert und bewirkt so unterirdische Abflüsse und Höhlen, kommt schließlich an wasserstauenden Schichten wieder zum Vorschein.

Karrenscherben und angespültes, fruchtbares Erdreich sammeln sich in kleineren Hohlformen und ermöglichen es der zähen Hochgebirgsflora, sich anzusiedeln. Größere Formen bilden wannenartige Dolinen; hier kann sich schon etwas mehr Grün zeigen, willkommenes Futter der wahrlich nicht verwöhnten Schafe. Wenn eine Mulde groß genug ist,

von Lehm oder Tonen abgedichtet wird, ergießt sich das abfließende Wasser hinein und bildet einen See.

An Vulkane erinnern die Kegelformen von Muntejela und Col dala Sonè auf der Gardenacia. Doch hier wurden fossilreiche Meeressedimente abgelagert, Schichten von rötlich-grünlich-gelblichem Dolomit, Kalken und Mergeln.

Durch blühende Steingärten zur Puez-Hütte
(Naturpark Puez-Geisler)

Anfahrt auf der Brennerautobahn A22 bis Ausfahrt Klausen, durch das Grödental bis Wolkenstein, am östlichen Ortsrand abbiegen zur Seilbahn Dantercepies, weiter bis zum Parkplatz Langental.

Vom Parkplatz geht es zur Kapelle des hl. Sylvester, hier zweigt rechts die Route ins Chedultal ab. Der Weg ist deutlich markiert, trägt die Nummer 12 und ist in dem naturbelassenen Tal nicht zu verfehlen.

Der Anstieg ist recht steil, unzählige Treppen helfen rasch an Höhe zu gewinnen, und mit fast jedem Höhenmeter ändert sich die Landschaft. Das grelle Gelb der Brillenschötchen, dunkelviolettes Drachenmaul und eine Gruppe von Gelbem Eisenhut, der gerade seine Blüten öffnet, stechen ins Auge. Nach dem bewaldeten Aufstieg treten Latschen und Almrosen auf die schottrigen Böden und der Blick auf das Hochtal wird immer freier. Zur linken ragen die Wände, turmartig geschichtet, jäh empor, rechts die steilen Zacken der Cirspitzen aus grau-weißem Dolomit. Von beiden Seiten ist das eiszeitliche Trogtal durch Fels- und Bergstürze

Zwergmannsschild

bedeckt, ein fein- bis grobgliedrig strukturiertes Gelände ist die Folge. Der Weg ist hier nur eine grobe Richtlinie, zu oft lockt abseits ein Stück aus der botanischen Schatzkammer. Die einmalige Vielfalt der Farben und Formen der Flora ist ein Geschenk der verschiedenen Gesteine: Stängelloses Leimkraut, Alpen-Leinkraut, gelber Alpenmohn, Täschelkraut, Dolomiten-Schafgarbe, Gletscher-Hahnenfuß, Trauben-, Fetthennen- und Blaugrüner Steinbrech, also alle Schuttwanderer. Mit zunehmender Höhe geben sich Schusternagerl, Enziane, Kugel- und Kreuzblume, Moschusgarbe, Scheuchzers und Kleine Glockenblume, Katzenpfötchen, Zottiges Habichtskraut, Pippau in allen Arten und Variationen, Ehrenpreis, Läusekräuter, Kohlröschen, Astern und Orchideen, sogar Edelweiß, Alpen-Grasnelke und Echte Edelraute ein Stelldichein.

Sogar die seltenen Arten der Dolomiten-Teufelskralle und die Schopfige Teufelskralle zieren wie Schmuckstücke das Gestein. Letztere ist ein Südalpenendemit und fühlt sich in Kalk- und Dolomitfelsspalten beheimatet. Mit ihren langen, feinen Wurzeln dringt sie tief in die Spalten ein, um Wasser und Nährstoffe

für die prachtvolle Blüte zu holen. Rosafärbige, nach oben fadenartig dünne, tiefviolette Zipfel bilden das Blütenköpfchen, auf grob gezähnten Blättern sitzend und tatsächlich an Krallen erinnernd.

Vor uns steht als erstes Ziel das Crespeina Joch, welches nach kurzem Anstieg rasch erreicht ist. Unten liegt die Crespeina Hochfläche, teils karstverwittert und kahl, dann wieder grün auf den Dolomitplatten und in den Hohlformen und Tälchen, überall dort, wo sich etwas Boden bilden konnte. Dort fanden wir einen Blumenzwerg ganz groß: Das Zwergmannsschild hat ähnliche Blüten wie das Alpenvergissmeinnicht, die weiß und kurzgestielt eine Dolde bilden und dadurch an ein Schild erinnern.

An der tiefsten Stelle liegt ruhig der Crespeina See in einer dichten Mulde im sonst so durchlässigen Gestein, ein Geschenk der sogenannten Raibler Schichten, gespeist aus Karstquellen, ohne sichtbaren Abfluss, eine willkommene Tränke für die weidenden Schafe.

Beim Überqueren der Hochfläche, immer auf die Puez-Gruppe und das Gardenaccia Plateau zu, verharren wir immer wieder.

Was fasziniert hier mehr? Der Anblick der Dolomitkalkplatten, schräg gelagert, hier glatt gehobelt, dort durch die Erosionskräfte des Regenwassers aufgelöst und zerfurcht. Oder ist es die oft zitierte Mondlandschaft gegenüber, auch diese vom Karst geprägt und fast unirdisch anmutend? Vielleicht auch der sonderbare Aufbau des Col dala Sone, unten zerbröselt wie der legendäre Buchweizenkuchen der Dolomiten, von oben her durch einen Hut aus Dolomitgestein vor

der Abtragung bewahrt. Oder aber sind es die blühenden Steingärten? Wie mit einem Paukenschlag präsentiert sich das Dolomiten-Fingerkraut auf den sonnigen Kalkfelsen. Silbrig-glänzende Blätter auf holzigen Stängeln, oft quadratmeterbreit verflochten, darauf tausende Rosenblüten in Zart- bis Dunkelrosa.

Das Cianpeijoch ermöglicht den vorher kaum vermuteten Übergang zum Rand der Hochfläche. Noch ein Blick nach rechts hinunter ins Edelweißtal mit dem größtenteils verlandeten Ciampatschsee, ein weiterer nach links abschüssig hinunter ins Langental.

Über Platten, durch Felsen geht es weiter. Von vorne winkt die Fahne der Puez-Hütte, dahinter steht stolz die Puez-Spitze. Die senkrecht aufragenden Wände und Schutthalden und der flache Talboden tief unten erzählen von der unwiderstehlichen Kraft des Gletschereises.

Weg 14 steigt in Serpentinen steil hinab, unter schroff aufragenden Felswänden mit schmalen Kaminen und geheimnisvollen Höhlen, durch den bunt angetupften Hangschutt.

Die Blicke auf die monumentalen Massive zu beiden Seiten des Tals, ein rauschender Wasserfall, das vertraute Klingen der Kuhglocken und das Schauen und Staunen über die zarten, kleinen, hellblauen Glöckchen, die mit Kies und Schutt zufrieden sind, verkürzen den Abstieg und später den Weg bachabwärts. Nicht umsonst ist der Name Langental, aber die Zeit verfliegt im Nu. Helle Kinderstimmen und das Glockengeläut der weidenden Kühe künden dem müden, doch erfüllten Wanderer das Ende der Rundtour an.

Kleine Glockenblume

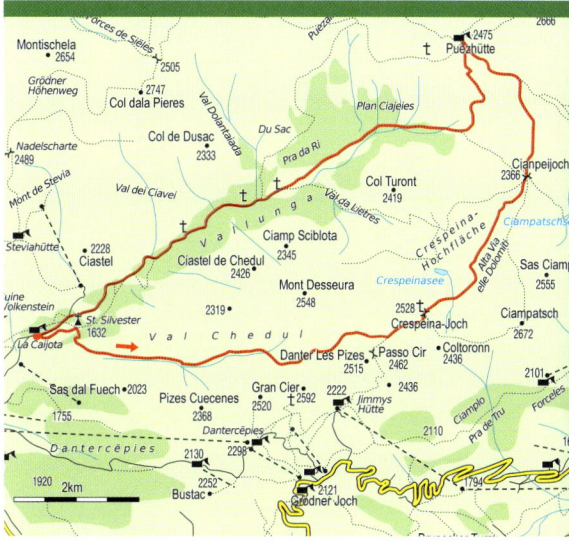

START: Parkplatz am Beginn des Langentals (1.630 m)

KURZFASSUNG: Parkplatz, Chedultal, Crespeina Joch, Cianpeijoch, Puez-Hütte, Langental, Parkplatz

HÖCHSTE WEGSTELLE: Puez-Hütte (2.475 m)

HÖHENUNTERSCHIED: 850 m

REINE GEHZEIT: 6 Stunden

SCHWIERIGKEIT: ❀ ❀ ❀

TOURISMUS-INFO: 0039/471/795122

TIPP: Im August Schopfige Teufelskralle im Chedultal

20

Orange-gelbe Sterne

Arnika

Berg-Wohlverleih, Johanniswurzen, Wundkraut
Arnika montana
Familie: Korbblütler
(Asteraceae)

Zur Zeit der Sommersonnenwende besiedelt die wohl jedem bekannte Arnika kalkarme, trockene, saure Bergwiesen bis auf 2.800 Meter Höhe mit ihren gelben Sternen.

Die bis zu 60 Zentimeter hohen, behaarten Stängel entspringen einer flachen, am Boden anliegenden Blattrosette mit längsnervigen, eiförmigen Grundblättern. Meist verzweigt sich der Stängel in den Achseln des oberen Blattpaares. Die strahlend orange-gelb leuchtenden Zungenblüten sind nie ganz regelmäßig angeordnet. Doch gerade diese Eigenschaft verleiht ihr einen besonderen Charme und im Volksmund den Namen „schlampiges Blümchen". Die Blütenköpfchen mit circa fünf Zentimetern Durchmesser sind von einem behaarten Hüllkelch umgeben, in dem die vielen zwittrigen Röhrenblüten sitzen. Die schon von Weitem duftende Arnika ist ein Tummelplatz für Bienen, Schmetterlinge und Fliegen. Als typischer Korbblütler verbreitet sie ihre Samen, die mit einem kleinen Fallschirm ausgerüstet sind, durch den Wind und ist so im europäischen Raum stark verbreitet. Dennoch steht sie unter strengem Schutz!

Arnika

Der Wissenschaft ist es gelungen, **Arnika** für den Feldanbau zu entwickeln, damit das Wildvorkommen geschont werden kann und der medizinische Bedarf trotzdem gedeckt ist.

Wohl in jeder Hausapotheke hat zumindest die Arnika-Tinktur, die mit den Zungenblüten im Schnaps angesetzt wird, ihren Platz als Wundheil- und Einreibemittel behauptet.

Umschläge mit dem Auszug der Blüten bei Zerrungen von Muskeln und Sehnen, bei Quetschungen und Blutergüssen oder zur Einreibung bei Rheuma, Gicht oder Hexenschuss lindern die Schmerzen und fördern den Heilungsprozess. Eine alte Faustregel besagt: Im Verhältnis 1 : 3 wird ein Esslöffel Arnikatinktur mit drei Esslöffeln Wasser vermischt.

Entzündungshemmend, als Tee zubereitet zum Gurgeln, wirken die schonend getrockneten Zungenblüten mit ihrer ganzen Heilkraft.

Für die Verwendung in der Homöopathie wird Arnika aus dem getrockneten Wurzelstock hergestellt und wirksam gegen viele Krankheiten eingesetzt. Der Dichterfürst Goethe, der sich ja auch sehr intensiv mit Naturwissenschaften beschäftigte, soll die Arnika geschätzt und selbst gegen Herzschwäche verwendet haben.

Denkt man an eine Hexe, so rückt das Bild einer alten, bösen, buckligen Frau vor das geistige Auge, die mit dem Teufel im Bunde steht und womöglich mit Hilfe ihrer Flugsalbe auf einem Besen reitet oder sich im Trommelwirbel in Trance tanzt. Als ihre ständigen Begleiter fallen uns schwarze Katzen oder Raben ein. Sie konnte hellsehen, Zauber sprechen,

kannte jedes noch so kleine Kräutlein und dessen Wirkung, mischte daraus Getränke und Cocktails, braute Suppen und Salben, ob giftig oder heilsam. Die Welt der Magie und Mystik, der Heilkunde und des Zaubers war ihre. Im Mittelalter verfolgt, für alles Schlechte verantwortlich gemacht und schließlich auf dem Scheiterhaufen verbrannt, ging viel von ihrem Hexenwissen verloren. Im Volksglauben ist sie bis heute als Hüterin des alten Wissens tief verwurzelt.

Auf wundersame Weise ist dieses Wissen über Jahrhunderte weitergegeben worden und zum Erfahrungsschatz von heute angewachsen.

Wenn die Mähder zur Zeit der Sommersonnenwende in voller Pracht und Heilkraft stehen, allen voran „das Schlampige Blümchen", die Arnika, dann treffen wir auf unseren Wanderungen so manches Kräuterweibl, tief in den Gebirgstälern

Blumige Kuppen am Col Raiser

unserer Alpen, das uraltes Hexenwissen und das Verständnis zur Natur in sich trägt, um die botanischen Schätze der Ahnen zu unserem Nutzen zu bewahren.

Holz lebt

Die Geschichte des griechischen Bildhauers, der sich in die von ihm geschaffene Statue von vollendeter Schönheit so sehr verliebte, dass sie ihm die Götter zum Leben erweckten, ist mit all ihren Folgen bekannt.

Die Werke der Grödner Schnitzer haben ihr eigentümliches Leben schon von Beginn an in sich. Denn das bevorzugte Material ist das Holz der alpinen Zirbe, und diese ist ein ganz besonderer Baum. In der Jugend schlank und geradewüchsig, wird sie mit zunehmendem Alter immer verzweigter, krummer und buckeliger, die Rinde wird rissig, und die Wurzeln breiten sich flach aus. So übersteht sie die Unbilden im Hochgebirgswinter mit extremen Tiefsttemperaturen und Schneedruck wie auch Hitze und Unwetter im Hochsommer. Sie erreicht stattliche Höhen von bis zu 30 Metern und prägt durch ihre bizarren Formen gemeinsam mit der ebenso lichthungrigen Lärche Höhenlagen um die 2.000 Meter.

Oft umschloss sie ganze Talschaften mit ihrem dunkelgrünen Tann, so auch das Grödnertal.

Ihr Holz ist relativ weich und daher für die kunstvolle Bearbeitung durch den Schnitzer und Bildhauer bestens geeignet. Wer den angenehm harzigen Duft einer alpinen Zirbenstube je aufgenommen hat, in einem Zirbenholzbett geschlafen oder eine Skulptur aus dem unvergleich-

Schlangenknöterich

lichen, gemaserten, samtweichen Holz in Händen gehalten hat, weiß um den Zauber der Arven.

Die Abgeschiedenheit von Tälern wie dem Grödner im Winter mag ein Anstoß für die Beschäftigung mit dem Schnitzen gewesen sein. Von alltäglichen Gebrauchsgegenständen wie Löffeln, Schüsseln und Rahmen war der Schritt nicht weit zu einer größeren Herausforderung.

Über Generationen entwickelte sich die hohe Kunst des Schnitzens von einfachem Spielzeug und Gliederpuppen schließlich zu sakralen Kunstwerken wie Madonnen und Heiligenfiguren, in den letzten Jahrzehnten hin zu progressiveren Formen.

Der wahre Grödner Kunsthandwerker kennt keine vorgefertigten Rohlinge und Massenware, jedes Stück ist ein Unikat und wurde sorgfältig und liebevoll geschaffen. Bei der Fahrt durch das Grödental grüßt von vielen Häusern der Hinweis auf eigene Werke, und der neugierige Besucher wird bald fündig.

Sonnenröschen
Böhmischer Enzian

Über blumige Kuppen zu spiegelnden Seen am Col Raiser
(Naturpark Puez-Geisler)

Anfahrt auf der Brennerautobahn A22 bis Ausfahrt Klausen, durch das Grödental bis St. Christina, Umlaufbahn Col Raiser Parkplatz, Auffahrt zur Bergstation.

Zwischen den Steilabstürzen der Seceda im Westen und dem Mont de Stevia im Osten, gegen Norden geschützt und überragt von den Spitzen und Türmen der Geislergruppe, liegt ein weitläufiges Almgebiet. Unsere Wanderung beginnt auf dem Hügel Col Raiser, so genannt wohl in Erinnerung an einen der ersten Almbauern hier oben, der auf der Anhöhe vor Lawinen und Bergsturz geschützt war.

Die Bahn bringt unzählige Besucher hier herauf, doch das romantische, sanft hügelige Gelände verträgt sie leicht.

Auf dem Fahrweg 2, fast eben durch die Wiesenhänge, bummeln wir auf die Fermeda-Hütte zu. Reste eines einst ausgedehnten Zirbenwaldes stehen auf den grasigen Rücken, über Jahrhunderte gerodet und abgebrannt, um Weideflächen zu schaffen.

Die rutschenden und teilweise fließenden Hänge, wie etwa oberhalb bei der Mastle-Hütte, sind freilich nicht nur auf die Abholzung zurückzuführen, der Untergrund ist vom Aufbau her eher instabil. Die Wasserhorizonte über stauenden Schichten schaffen aber auch die kleinen Seen, hineingeschmiegt in Mulden, funkelnd im Sonnenschein, Spiegel der Bergwelt.

Von der Fermeda-Hütte aus lehnt sich der Steig eng ans Gelände der Wiesen, durch Tälchen und über Kuppen inmitten einer fast unbeschreiblichen Vielfalt. Die Bergwiesen werden einmal im Jahr gemäht und erweisen sich als botanische Kinderstube. Tausende Samen, die bereits im Vorjahr ausgereift zu Boden fielen, können genau dort aufgehen, wo sie sich am wohlsten fühlen, keimen und bringen die unterschiedlichsten Arten von Pflanzen hervor, in einem Zaubergarten, den nur die Natur in dieser Pracht hervorbringen kann. Wildblumen, soweit das Auge reicht. Eine Serie von Gelb-, Blau- und Weißblühern wie Arnika, kugelige, manchmal sogar Hallers Teufelskralle, Pippau, Habichts- und Ferkelkraut, alle Arten Glockenblumen, Schafgarbe, Margeriten werden von violett-roten Blütenwellen mit Spitzkiel, Orchideen, Knabenkraut, Kohlröschen, verschiedenen Luzernen, Bergflockenblumen, Witwenblumen und der Berg-Ringdistel, die mit ihrem dunkelvioletten Körbchen besonders hervorsticht, abgelöst. An den schottrigen Rändern gedeihen die Blütenpolster von Sonnenröschen und Thymian und vielen anderen Heilkräutern. Allesamt sehen sie keinen Kunstdünger, der zur Steigerung des Ertrages beitragen würde, andererseits aber die bunten Blumen und Kräuter verschwinden lassen würde.

Weiter geht es hinüber zum Cucasattel, dem Übergang nach St. Ulrich, unterhalb der trockenen Seceda, an ihrer Rückseite als Musterbeispiel zur Geologie der Dolomiten bekannt. Hier breiten sich die größten Bestände der Arnikablüten mit ihren großen orange-gelben Sternen und ihrem unverkennbaren Duft aus. Zwar blühen sie nicht jedes Jahr in gleicher Üppigkeit – manchmal mehr, manchmal weniger, so sagen die Grödener.

Ohne Beschilderung, doch ausgemäht und klar erkennbar in der Blumenpracht, lenkt uns ein Wiesenweg hinunter zum Lech Santo, dem Heiligen See, dessen Name wohl auf einen Kultplatz aus vorchristlicher Zeit hinweist. Vor ihm breitet sich der Böhmische Enzian mit unzähligen blasslila Kelchen, die im dichten Schopf zusammenstehen, aus und ist gut befreundet mit den blassvioletten Blüten des Augentrost, mit gelbem Fleck auf der Unterlippe, einer großen Heilpflanze, die ihrem Namen alle Ehre macht. Auch Sauer-, Woll- und Pfeifengräser, Schlangenknöterich und Bachnelkenwurz lieben diese feuchten Senken.

Ein Fahrweg verbindet den See und seine Almhütten mit der Cuca-Hütte weiter unten, direkt neben der Talstation des Seceda-Sesselliftes. Von hier folgen wir wieder einem Wiesensteig, über die Almmatten

hinunter zur Gamsblut-Hütte und weiter abwärts zur Sangon-Hütte. Von hier führt der Fahrweg hinunter ins Tal zum Parkplatz bei der Talstation Col Raiser.

START: Bergstation Col Raiser (2.107 m)

KURZFASSUNG: Bergstation Col Raiser, Fermeda-Hütte, Cucasattel, Lech Santo, Gamsblut-Hütte, Sangon-Hütte, Talstation

HÖCHSTE WEGSTELLE: Cucasattel (2.160 m)

HÖHENUNTERSCHIED: kaum Höhenunterschied – Abstieg 600 m

REINE GEHZEIT: 3,5 Stunden

SCHWIERIGKEIT: ✿ ✿

TOURISMUS-INFO: 0039/471/777800

TIPP: Schlendern in St. Ulrich – Besuch des Heimatmuseums

Spieglein, Spieglein an der Wand ...

21

Türkenbund

Lilium martagon
Familie: Liliengewächse
(Liliaceae)

Aus einer goldgelben, schuppigen Zwiebel strebt der kräftige, runde Blütenstängel des Türkenbunds, wohl eine der schönsten wildwachsenden Lilien, bis zu eineinhalb Metern empor.

Die ausdauernde, mehrjährige Pflanze bevorzugt halbschattige, kühle Lagen, feuchte, tiefgründige Böden, und wir finden sie sowohl im Kalk- als auch im Urgestein in ganz Europa und Asien bis auf Höhen von 2.200 Metern. Trotz der weiten Verbreitung ist sie eine Rarität und deshalb streng geschützt.

Im unteren Teil dichter, formieren sich die lanzettlichen, schmalen Blätter in der Mitte des roten Stängels zu einem Quirl und werden nach oben hin kleiner in wechselständiger Anordnung. Am Ende der Stängeläste sitzen bis zu 20 markante Blüten. Die altrosa gefärbten, mit kleinen purpur-braunen Punkten getupften Blütenblätter sind stark zurückgerollt, sodass sie fast den Stiel berühren und dadurch die typische turbanähnliche Form ergeben, von der sich der Pflanzenname ableitet. Die langen Griffel mit den roten Staubbeuteln ragen weit aus der geöffneten Blüte hervor, und besonders bei Nacht verströmt sie einen schweren, süßlichen Duft, der Falter anlockt, die dann

Türkenbund

auch die Bestäubung vornehmen. Die Blütezeit dauert von Ende Juni bis in den August hinein, je nach Höhenlage und Standort.

Die Kapselfrüchte sind dreifächrig und die Samen werden vom Wind verstreut.

Der Türkenbund wird in Gärtnereien als Hybridpflanze produziert und ist eine beliebte Gartenpflanze.

Der Anblick der Dolomiten macht mich jedes Mal sprachlos. Sie sind anders als alle anderen Felsen. Viel bizarrer, schroffer, zackenreicher, manchmal auch feingliedriger wachsen Nadeln und Türme aus Kalkgestein in den blauen Himmel. Das helle Gestein hebt sich markant vom Hintergrund ab. Mit ihrem Funkeln am

Morgen bei Sonnenaufgang und dem abendlichen Erglühen bei Sonnenuntergang, in leuchtendem Rot, ziehen sie durch ihre Einzigartigkeit wie ein Magnet die Menschen seit jeher in den Bann und hinterlassen bleibende Eindrücke und unvergessliche Erlebnisse.

Diese milde Bergregion ist immer einen Kurztrip wert: im Frühling, wenn die Almen mit Küchenschellen, Krokussen, Soldanellen, Enzianen und Schusternagerln, die alle unbeschadet den harten Winter überstanden haben, wieder zum Leben erwachen und Woche für Woche neue Blumen die Almen schmücken; im Bergsommer, wenn vor der Mahd die Blüte am üppigsten ist und ein wahres Blütenmeer die Hänge überzieht, als wollte es mit seiner Vielfalt die Pracht des Rosengartens von König Laurin noch übertreffen. Die Sommersonne lockt in seinem Schloss-

park wahre botanische Juwele hervor. Nicht eine, nicht zehn, nein Hunderte, ja Felder von **Türkenbund** und Feuerlilie säumen die lichten Wiesen.

Der wundersame Rosengarten

Es geschah in einer Zeit, als die Berge noch jung waren. Die Menschen zogen in Gegenden, die noch kein Fuß betreten und kein Auge je erspäht hatte. Dort gab es Riesen, Zwerge und Drachen, geheimnisvolle Kräfte wirkten.

Vor vielen Generationen waren die Vorfahren Laurins in die Berge weitab des fruchtbaren Etschtales gezogen. Sie waren zwar kleinwüchsig und nicht gerade eine Augenweide, doch stark, unermüdlich, erfinderisch und in enger Verbindung mit den Kräften der Natur, die weit über alles

Verdiente Rast auf der Rotwandhütte

Gelber Enzian

hinausgingen, was sich den schollenbrechenden Bewohnern der Tiefländer erschloss.

Unter Laurin hatten die Menschen in den Bergen die Blüte ihres Daseins erreicht. Das Schloss strahlte mit seinen weißen Mauern weit ins Land hinaus, drinnen glänzte und funkelte es von den Schätzen, die nimmermüde Hände den unnahbaren Bergmassiven entrissen hatten, unter dem Schloss breitete sich ein Garten aus, der weit und breit nicht seinesgleichen hatte.

Rosen in Formen und Farben, die dem Auge schmeichelten und es zugleich verwirrten, in steter Bewegung im lauen Bergwind, dazwischen glitzernde Bächlein über schneeweißem Marmor und durchscheinendem Bergkristall, alles nur geschützt durch einen hauchdünnen Faden aus purem Gold.

Hier saß der Herrscher über all dies, und sein Herz war schwer. Er war der letzte seines Geschlechtes, doch keine aus seinem Volk wollte ihm gefallen. Seine innige Liebe galt der wunderschönen, jedoch unerreichbaren Prinzessin vom Schloss draußen im Tal.

In seiner Verzweiflung griff er zur List. Mit Hilfe seiner Tarnkappe entführte er die Angebetete aus dem väterlichen Schloss. Ein Zauber ließ sie nur sehen, was er ihr vorgaukelte, und sie lebten einen schönen, wenn auch trügerischen Traum.

Doch das Unheil ließ nicht lange auf sich warten. Als Dietrich von Bern, der gewaltigste Recke seiner Zeit, von der Untat erfuhr, hielt es ihn nicht lange. Mit seinen treuesten Rittern machte er sich auf ins Land am Berg. Der Weg war steil und steinig, keine Quelle löschte den unerträglichen Durst, die mächtigen Felsen drohten auf sie herabzustürzen. Doch dann, wie ein Trugbild, stand das geheimnisumwobene Reich im Felsen vor ihnen.

Das goldene Band war flugs zerrissen, hinein ging es in den Rosengarten, kein Blick wurde auf die unirdische Schönheit verschwendet, die Hufe zertrampelten die Pracht. Ein Geist schien sie anzugreifen, ein Schwert blitzte da und dort, die Ritter fielen verwundet zu Boden. Blut strömte aus den grausamen Wunden, in bizarrem Kontrast zu den Blumen der Liebe. Allein Dietrich stand noch, fast wehrlos, unter dem Hagel von Schwerthieben.

Doch was war das? Von den mörderischen Blutlachen gingen Fußabdrücke weg, die Rosensträucher bewegten sich, als ob jemand an ihnen streift. Ein letzter verzweifelter Griff, der Zaubergürtel, der übermenschliche Kraft verlieh, war abgerissen, die Tarnkappe in hohem Bogen weggeschleudert, das magische Schwert zerbrochen. Der Widersacher lag besiegt am Boden.

Hinter den Felsen verklangen die Hufschläge von Dietrichs Pferd, der Held stolz im Sattel, vor sich die verwirrte Prinzessin. In dumpfer Verzweiflung stierte der gedemütigte Laurin zu Boden.

Biotop mit Silberwurz und Steinröschen

Der Rosengarten war verwüstet, das einst strahlende Weiß rostrot verschmiert, das Ziel seiner Sehnsucht für immer entrissen.

Ein letztes Mal bäumte er sich auf. Sein mächtigster Zauberspruch entzieht den Anblick des prächtigsten Gartens, den die Welt je sah, den Augen der Betrachter. Für immer und ewig, bei Tag und bei Nacht, so schreit er seine Verzweiflung hinaus.

Wir können von Glück reden, dass er in seiner tiefen Wut auf die schönste Zeit vergaß, nämlich die Augenblicke der Dämmerung morgens und vor allem am Abend. Zu dieser Zeit erinnert uns nun das zaubersame Glühen des Rosengartens an die unerfüllte Liebe und das tragische Ende des König Laurin.

Im Märchenschloss aus Dolomit
(Naturpark Schlern-Rosengarten)

Autobahn A22 bis Bozen Nord, über Eggental zum Karerpass. Parkplatz beim Hotel Savoy.

Links vom Parkplatz des Hotels beginnt eines der unglaublichsten Türkenbundvorkommen der Alpen. Vom ersten Schritt an begleitet den Wanderer ein Heer von Türkenbundlilien zu beiden Sei-

ten des Weges Nr. 548/552. Wohin man sich auch wendet, ein Prachtexemplar um das andere. Wir vermeiden es, die Wiesen außerhalb der Steiglein zu betreten, und das ist auch gar nicht nötig. In allen Farbtönen und Schattierungen nicken die rosa Turbane auf ihren langen, eleganten Stielen wie im Märchenschloss. In Gemeinschaft mit ihnen stehen der weiß blühende Salomonsiegel, viele verschiedene Knabenkräuter in Weiß- und Lilatönen, immer umschwärmt von Fliegen, die durch den Fäulnisgeruch angelockt werden, die dunkelbraune Akelei, kombiniert mit den gelben Trollblumen und blauen Winden, die alle lichte Waldränder und Halbschatten bevorzugen. Der giftige Weiße Germer mit grasgrünen Blättern und grünlich-weißen Blüten, vor der Blüte zum Verwechseln ähnlich dem Gelben Enzian mit steingrünen Blättern und hellgelben Blüten, schließen sich an. Bei der ersten beschilderten Gabelung bleiben wir rechts auf dem Weg 548. Der breite Wanderweg durchschneidet immer wieder den alten Fußpfad, welcher uns zum Abschweifen verlockt.

Der hell-rötlichbraune Dolomit der schroffen, hängenden Wände oberhalb hat seit der letzten Eiszeit mit seinen Felsstürzen die Landschaft gestaltet. Schutthalden, bereits wieder vernarbt, wechseln mit groben Blöcken und Felsen von titanischen Ausmaßen. Sie prägen das Landschaftsbild während der ganzen Wanderung. Der Schutt bietet den allgegenwärtigen Murmeltieren ideale Bedingungen, ihre Erdhöhlen anzulegen.

Bald nach den drei Schupfen sind wir ganz hingerissen von den Feuerlilien, die vom steilen Hang leuchten. Hier weist ein

Schild zur Rotwand mit dem ladinischen Namen „Roda Vael". Zuerst noch von Fichten, dann Lärchen und Zirben begleitet, geht es in Serpentinen auf dem schmalen Steiglein zügig aufwärts. Die Bewaldung tritt allmählich zurück, die Türkenbundblüte steigt bis zum Kalkschuttflor, der nun beginnt. Der Wind bringt eine köstliche Duftwelle – ein winziger Strauch ist es, das Steinröserl, mit leuchtend rosa bis ins Rot laufenden Blüten, der durch Schönheit und Geruch bezaubert. Zahllose Stängellose Enziane, Schusternagerl in den verschiedensten Lila- und Blautönen und die grellrosa Pölsterchen des stängellosen Leinkrauts laden mit geballter Strahlkraft zum Verweilen ein.

In kurzem, steilem Anstieg geht es hinauf zum Christomannos-Denkmal am Hirzelweg, das an den Straßenbaupionier aus der Kaiserzeit erinnert. Alsbald ist die Rotwand-Hütte erreicht. Wer hier im September unterwegs ist, dem werden die tiefblauen, herrlichen Glocken der Dolomiten-Glockenblume, versteckt in den Felsritzen der Rotwand, Freude machen. Der Blick geht zu Geislergruppe, Sellastock, Langkofelgruppe und Marmolata.

Nach der verdienten Rast führt Weg 548 hinunter ins Tal, wieder durch die massiven kantigen Felsblöcke, überzogen mit den sahneweißen Sternen der Silberwurz und dem ährig gefiederten Bergspitzkiel, mit gefiederten Blättern und einmalig blau-violett gefärbten Blüten, vorbei an unzähligen Murmeltierhöhlen, schließlich über Almwiesen, bevor in der Nähe der drei Schupfen wieder der Türkenbund seine rosarote Präsenz kundtut.

Von hier aus gibt es nun das schon bekannte Bild, Blüte um Blüte, bis hinunter zum Pass.

Eigentlich sollte hier ein Schild sagen: Bitte Umschauen – so eindrucksvoll thront das Rosengartenmassiv über den grünen, bunten Wiesen.

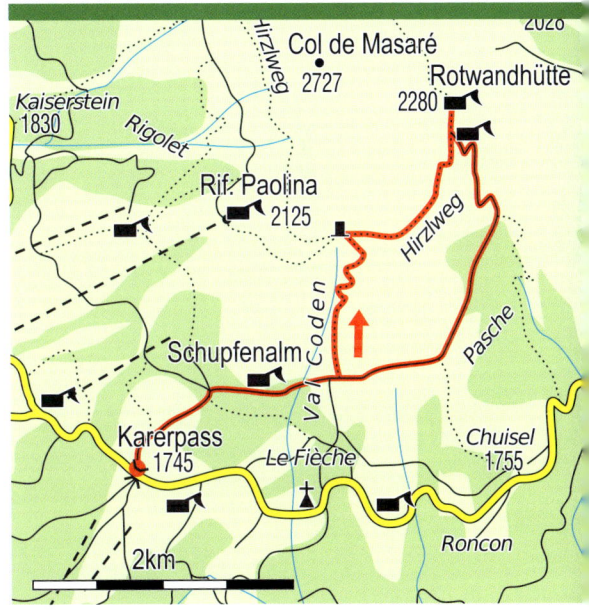

START: Karerpass (1.745 m)

KURZFASSUNG: Karerpass, drei Schupfen, Christomannos-Denkmal, Rotwand-Hütte, Karerpass

HÖCHSTE WEGSTELLE: Rotwand-Hütte (2.280 m)

HÖHENUNTERSCHIED: 530 m

REINE GEHZEIT: 5 Stunden

SCHWIERIGKEIT: ❀ ❀

TOURISMUS-INFO: 0039/471/612289

TIPP: Das Näckler Schüttelbrot aus Welschnofen übertrifft im Geschmack alle anderen und eignet sich zum Mitnehmen – ein Genuss!

Die Wiese der Wiesen

22

Feuerlilie

Donnerblume

Lilium bulbiferum

Familie: Liliengewächse

(Liliaceae)

Die Feuerlilie, eine Schönheit der Blumenwelt, ist die in Europa am weitesten verbreitete Wildlilie. Sie ist eine robuste, krautige Pflanze und bevorzugt Sonne im Gesicht, Schatten am Fuß und die leicht saure, nährstoffreiche Erde der Bergwiesen, wo sie bis auf eine Höhe von 2.400 Metern steigt.

Aus einer runden Zwiebel sprießt Ende Mai ein bis zu einem Meter hoher, rotschwarz gesprenkelter, wollig behaarter Stängel mit lanzettlichen, wechselständig angeordneten Laubblättern. Zwischen Juni und Juli erscheinen die feuerroten, duftlosen Blüten – oft nur eine Endständige, manchmal bis zu fünf – in deren Kelch rubinrote Tupfen glitzern. Dick hängt der Blütenstaub an den Staubgefäßen. Die kleinen Brutzwiebelchen, die sich in den Blattachseln entwickeln und ausgereift zu Boden fallen, präsentieren nach zwei bis drei Jahren eine neue blühende Pflanze mit magischer Farbe, an der man sich nicht sattsehen kann.

Die **Feuerlilie** sollte Bestandteil des Sonnwendbuschn sein, der beim Johannisfeuer zur Sommersonnenwende verbrannt wird und, wie der Aberglaube sagt, Unwetter fernhalten soll.

Feuerlilie

Vor rund 200 Jahren brachten Naturforscher die Lilie aus Japan nach Europa, als Luxusblume der Reichen und für die Züchter zum Kreuzen. Dank ihrer attraktiven Farben und betörenden Düfte haben sich Lilien in unseren Gärten ihren festen Platz erobert.

Heute entführen wir Sie zu einem wahrhaft paradiesischen Stückchen Erde. Im wilden Tanz der Kontraste zwischen zackig-schroffen Dolomitwänden und den zauberhaften Geschöpfen der blumenübersäten Matten leitet das Weglein durch „die Wiese der Wiesen". Blütenwolken in allen Farben betören unsere Sinne und laden zum Seelenbad ein. Hinlegen und nicht stören lassen, schauen, staunen, die wärmende Sonne fühlen, den zarten Blumenduft riechen und lauschen, was die Natur zu erzählen hat. Da hört man ein Summen und Brummen, ein Zirpen, Piepen, leises Flattern und Schwirren. Bienen, Hummeln, Heuschrecken und Schmetterlinge tummeln sich, um auf der Gesellschaft der Sonnenkinder, den färbigen Blumen, die schönsten Landeplätze zu finden. Je bunter die Wiese, desto größer ist der Artenreichtum der Schmetterlinge, die genussvoll durch die Lüfte gaukeln.

Diese Bergwiesen werden weder beweidet noch gedüngt, dafür aber alle Jahre gemäht – an sehr steilen Stellen noch ganz traditionell mit der Sense. Durch die harte Arbeit der Bauern wird diese alte Kulturlandschaft stark geprägt und zum Schmuckstück gemacht. Wenn sie im Frühsommer ihr „Heu eintun", bewirken sie damit, dass die Wiesen nicht verbuschen und dadurch die Vielfalt der blühenden Blumen und Kräuter erhalten bleibt.

Die Morgennebel lichten sich am Karersee

Auf diesen Bergmähdern – Orte, die Körper und Seele beleben, Paradiese zum Wohlfühlen, ein Fleckchen Erde, wo Entspannung und Gelassenheit wohnen – dort sonnt sich als Glanzstück unter all den Blumen die Feuerlilie und entfaltet pompös und ausdrucksstark ihre Blütenpracht.

Ein Mensch der Berge

Tonis Herz gehört den Bergen. Die Liebe begann in jungen Jahren und ist bis heute nicht erloschen. Schon als Bub juckte es ihn gewaltig herauszufinden, was weiter oben zu sehen war. Eine Kindheit im Bannkreis von Rosengarten, Langkofel, Sella und Geislergruppe trug das ihre dazu bei. Ein Onkel hatte bei den Kaiserjägern gedient, den höllischen Gebirgskrieg mitgemacht und überlebt, davon erzählte er nicht gerne. Doch auf erste Bergtouren nahm er den „jungen Hupfer"

Goldgelber Pippau, gemischt mit Teufelskralle

mit und brachte ihm behutsam das richtige Verhalten im Gebirge bei.

Noch heute setzt Toni bedächtig Fuß vor Fuß, blinde Eile wäre verderblich, das wache Auge sieht jeden Tritt und Griff, der Rucksack ist leicht, doch nichts Wichtiges fehlt.

Wir treffen Toni auf der Masare-Hütte, vor ihm sein Glaserl Rötl und die unvermeidliche Pfeife. Dass er den Achtziger schon passiert hat, sieht man ihm nicht an. Die Haare sind wohl grau und etwas schütter, doch die Augen blitzen noch immer unternehmungslustig. Die feinen Falten künden von tausendfachem Zusammenkneifen, wegen der Sonne. Oder ist es etwa der subtile Südtiroler Humor?

Denn ganz ohne tückische Streiche ist es auch auf Bergtouren nicht abgegangen. So hat sich einmal der vorsorglich abgefüllte „Selberbrennte" beim Gipfelschluck als klares Gebirgswasser herausgestellt und der Bergkamerad, der im Lager vergaß, beim Bettgehen die Schuhe auszuziehen, wunderte sich, als die Schuhbänder in der Früh zusammengeknöpft waren und der sonst so Trittsichere mit lautem Gepolter hinfiel – wie kindisch.

Dabei stand der Toni schon auf fast jedem Dolomitengipfel, und nicht nur einmal war der legendäre Lois Trenker sein Begleiter. Daran erinnert noch heute die typische Schildkappe. Der Lois war schon ein Teufelskerl, nie um einen kernigen Spruch verlegen, lustig und schneidig zugleich.

Mit unserem Bergfreund hat es das Leben freilich auch gut gemeint. Sein Hobby, ja seine Leidenschaft, wurde bei ihm zum Beruf. Jahrzehntelang führt er bergbegeisterte Touristen, stets umsichtig und bedacht, doch immer sein eigener Mensch und stolz. Wer sich nicht an seine Anweisungen hielt, der bekam schon auch einmal eine grobe Bemerkung an den Kopf geworfen. Am meisten ärgerte er sich, wenn ein übermütiger Städter es am nötigen Respekt vor der Schöpfung fehlen ließ. Das hieß aber nicht, dass ein einziges Edelweiß am Hütl verpönt war. Denn was gibt es Schöneres als eben dieses, den Rucksack auf dem Buckel, vor dir der glitzernd grau-weiße Fels, über dir nichts als der tiefblaue Himmel.

Das Geheimnis des C1-Weges
(Naturpark Schlern-Rosengarten)

Anfahrt über Brennerautobahn A22, Ausfahrt Bozen Nord, durch das Eggental über Welschnofen zum Karerpass. Großer Parkplatz gegenüber dem Hotel Savoy. Mit dem Wanderbus zum Nigerpass.

Gegenüber dem Nigerjochhaus beginnt der Steig Richtung Karerpass. Mäßig leicht ansteigend, durch teils lichte, dann wieder dunkle Fichtenwälder begleitet uns die schöne, dunkle Akelei, die den Halbschatten des Waldes liebt. Anfangs oberhalb der Straße, später bei der From-

Bunte Wiese

Rote Luzerne schmücken den Stadl

dunkle Grün der Fichten auf. Bald passieren wir eine weitere Alm, unterhalb der Masare-Hütte, inmitten von Buckelwiesen, einem Naturdenkmal, das im Gefolge der nacheiszeitlichen Klimaverhältnisse im Wechsel von Gefrieren und Auftauen entstand.

Nach der Kreuzung mit Weg 9, der hinauf zum Hirzelsteig führt, treffen wir auf eine grüne Wiese; es geht unter der Sesselbahn der Paolina-Hütte hindurch, das Lilienwunder beginnt. Die sanft gerundeten Hügel und Kuppen, dazwischen weiche Tälchen, hin und wieder Gruppen von Fichten und Lärchen und einzelnen Zirben geben den idealen Hintergrund für das Feuerwerk an Blüten, das uns erwartet. Wenn der Sommer auf diesen Höhen allmählich Einzug hält, dann bietet dieser Weg, immer mit Blick auf das herrliche Bergmassiv des Rosengartens und inmitten eines Artenreichtums an Blumen, ein besonderes Erlebnis. Über und über sind die grünen, ungedüngten Wiesen mit farbenprächtigen Blüten geschmückt. Erfrischende Töne in Gelb, Orange, Blau und Rot der weit verbreiteten Wiesenblumen wie Hahnenfuß, Margeriten, Kuckucksblumen, Habichtskräutern, Pippau, Teufelskrallen und Arnika ergeben mit der

mer Alm unterhalb, geht es ohne größere Höhenunterschiede zügig dahin. Im Bereich des Skigebietes öffnet sich der Blick nach oben zu den Alm- und Wiesenhängen und darüber den Dolomitzacken und -türmen des Rosengartens. In Wegrichtung steht die Latemargruppe mit ihrem zerklüfteten Massiv nicht weniger eindrucksvoll da. Wo immer der Wald schütterer wird, bereiten sich zahlreiche Schwalbenwurz-Enziane schon jetzt auf die Blüte im Spätsommer vor. Bei der Raststation Jolanda überquert Weg 1c die Passstraße und führt jetzt oberhalb zuerst als schmaler Pfad über Wurzeln, dann alsbald als Fahrweg weiter gegen Süden. Bei der kleinen Lichtung unterhalb einer unbenannten Alm lockern blassblau-weiße und rosarote Blüten von Lupinen das fast flächendeckenden roten Luzerne ein buntes Spektakel. Dicht auf dem Boden liegend breiten sich die Blütenpölster des Thymian mit herb-würzigem Duft aus und die des Horn- und Hufeisenklees, die geradezu wuchern. Das helle Lila der Astern und das Violett-Blau der Schopfigen Glockenblume mischen mit. Ein wahres Dorado für jeden Blumenfreund.

Als Höhepunkt und passend zur Umgebung in König Laurins Gärten stehen stolz und still die Solisten, wahre Edelsteine in der Welt der Blumen. Türkenbund, Hallers Teufelskralle, Gelber Enzian und nicht zuletzt die Feuerlilien überragen alle anderen an Größe und Eleganz. Vor allem diese ungekrönte Königin der wunderbaren Wiesen bezaubert durch die einzigartige Farbe, extravagante Form und das überreiche Vorkommen.

Links und rechts des Weges erlauben immer wieder Traktorspuren, ein wenig in das Blumenparadies einzudringen. Kaum zu glauben, dass die Wiesen auch gemäht werden, freilich erst nach der Blüte, wenn die Vermehrung schon begonnen hat.

Unser Weg 1c vereinigt sich mit dem von oben kommenden, und gemütlich schlendern wir hinunter zum Parkplatz.

Am Fuße des Rosengartens

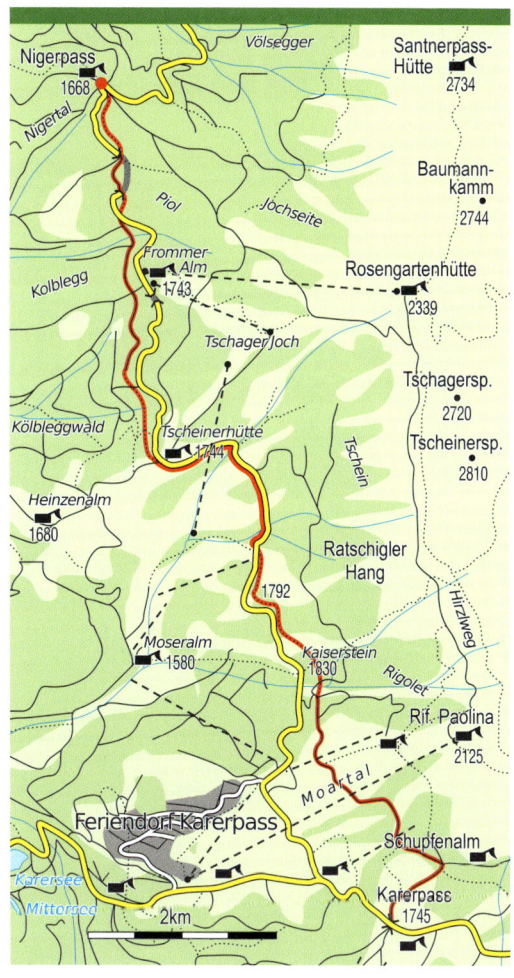

START: Nigerpass (1.668 m)

KURZFASSUNG: Nigerpass, Jolanda, Buckelwiesen, Mähwiesen, Karerpass

HÖCHSTE WEGSTELLE: Karerpass (1.745 m)

HÖHENUNTERSCHIED: (kaum)

REINE GEHZEIT: 3 Stunden

SCHWIERIGKEIT: ❀

TOURISMUS-INFO: 0039/471/612289

TIPP: Abstecher zur Masare-Hütte mit bodenständiger Kost

Schau mir in die Augen, Kleines!

23

Schlafmohn

Papaver somniferum
Familie: Mohngewächse
(Papaveraceae)

Dort, wo Hennen Steigeisen tragen und die Bauern an den abgeschiedensten Stellen dem Boden noch Nahrung abringen, zieren im Juni karminrote Geranien die Balkone der Paarhöfe. Wahrhaftig zum Blühen bringen sie aber die flammend roten Schalenblüten des Schlafmohns, die wie Wolken aus Krepp Verführung, Kraft und Feuer ausstrahlen. Edel, fast königlich leuchten die duftigen Blütenkelche und bilden mit dem sonnenverbrannten, dunklen Gebälk der Bauernhäuser ein einmaliges Ensemble.

Den langen, bis zu eineinhalb Meter hohen, haarigen runden Stil der krautigen, einjährigen Pflanze rahmen dekorative, blau-grün geschlitzte Laubblätter. Die zarten, knittrigen, fünf bis zehn Zentimeter großen, prächtig scharlachroten Blüten entfalten sich aus der nickenden Knospe. Mit großem schwarzem Fleck am Grund jedes der vier bis fünf Kronblätter sorgen sie für einen dramatischen Auftritt. Obwohl die Blüte duftlos ist und keinen Nektar spendet, lockt die Farbe, und zahlreiche Insekten benutzen sie als Landeplatz, um sich von den Pollen zu nähren. Um den kegelförmigen Fruchtknoten mit schildförmiger, strahliger Narbe steht ein dichter Kranz schwarz-blau-roter

Schlafmohn

Staubfäden. Mit einsetzender Reife rasseln in jeder vier bis fünf Zentimeter großen, ovalen oder runden, stark strukturierten Kapsel tausende kleine, ölhältige Samen, die Mehlspeisen mit der obligaten Mohnfüllung verfeinern. Das hochwertige Mohnöl wird durch Kaltpressung gewonnen.

Der weiße Milchsaft der grünen Kapseln enthält Morphin, aus dem Opium gewonnen wird. Eine große Errungenschaft in der Heilkunst, kann man doch damit die Schmerzen der Menschen stillen. Andererseits hat die in Afghanistan und Südostasien illegal angebaute Pflanze als Suchtdroge schon viel Unglück über die Menschheit gebracht.

Wir sitzen auf der Hausbank vor dem Oberen Hof, und die weise Kräuterbäuerin plaudert aus ihrem Nähkästchen. Sie erzählt von all den Kostbarkeiten gegen

Husten, Schnupfen und Trübsinn der Nutz- und Heilpflanzen ihres Gartens und wie sie aus ihnen all die herrlichen Kräuterpräparate wie Teemischungen, Auszüge, Salben, Seifen und Hautöle herstellt. Einen besonderen Platz in ihrem Herzen hat die Pflanze, deren Blüten die Häuser im Ultental glühen lassen.

„Bei uns ist der Mohn eine alte Kulturpflanze. Jedes Jahr baue ich ein kleines Feld davon an. Aus den bauchigen, dicken Samenkapseln werden die Blüten heller, aus den länglichen, schmäleren so richtig rot. Alle zwei bis drei Jahre brauche ich frische, neue Samen, heuer ist es wieder soweit – meine Nachbarin wird mir aushelfen! Im Leinensackl bewahre ich meine Ernte dann auf – trocken muss er halt sein, damit´s nicht schimmelt!

Heutzutage nehmen wir das nicht mehr ganz so genau, doch früher war unser Mohn nur für hohe Festtage vorgesehen.

Ultener Paarhöfe

Der alte Urbrauch, ihn besonders bei Hochzeiten, Kirchtag, Ostern und Weihnachten zu verwenden, ist geblieben. Da gibt es dann Mohnkrapfen und -strudel, Mohntorte und die ‚lustigen aufgestellten Bänke‘, ein Gebäck aus Ziehteig mit Rahmsauce – und dazu Kaffee. Eine besondere Spezialität ist das Mohneis, auf das sich die Kinder im Sommer freuen. Voraussetzung fürs Gelingen dieser Speisen ist der extra fein und immer frisch gemahlene Mohn, in einer eigens für ihn bestimmten Mühle. Dann gelingt auch das Hausrezept der Mohnfülle für Strudel und Krapfen, das die traditionsbewusste Ultenerin gerne zubereitet.

Wenn ein Paarl heiratet, will es ja auch schnell Kinder bekommen. Und weil der Mohn so viel Linolensäure enthält, und diese wiederum Vitamin E, das im Körper Hormone erzeugt, geben wir den Hochzeitern an ‚ihrem Tag‘ so viel vom Mohn

wie möglich, um ihre Fruchtbarkeit zu steigern."

1 Kilo Mohn, fein mahlen
½ Liter Wasser kochen
750 Gramm Zucker und 1 Prise Salz
1 Löffel Honig
40 Gramm leicht angebräunte Butter im warmen Wasser auflösen
dazu noch 2 Pck. Vanille, Zimt und wenig Nelken
abgeriebene Zitronenschale
1 Löffel Rum

Alles untermischen, über Nacht stehen lassen, nochmal gut umrühren und Strudel oder Krapfen damit füllen und backen.

Was die Urlärchen sahen

Wissenschaftliche Realisten sprechen von 850 Jahren, auch dies kaum vorstellbar, optimistische, lokale Romantiker sollen sogar über 2.000 Jahresringe in einer in den 1930er Jahren umgestürzten Urlärche gezählt haben. Beide Zahlen sind geeignet, die Fantasie und Neugier des Besuchers anzuregen und in vergangene Jahrhunderte hineinzuhorchen.

Dort, beim Außerlahnhof, unweit der Lahner Säge mit Naturparkhaus, stand wohl schon vor der Zeitenwende ein kleines Lärchenwäldchen und sah erste, zaghafte Erkundungen und Siedlungsansätze. Auf Hirten folgten Bauern, keltische Siedler hinterließen geheimnisvolle Schalensteine, etruskische Kundschafter brachten Geräte und wohl auch religiöse Bräuche, gründeten schließlich Siedlungen.

Zoggler Stausee

Der Zugang zum Tal war sicher nicht die abweisende Schlucht der Falschauer, sondern einer von mehreren Übergängen über die Berge.

Der Brandopferplatz am Kirchbichl bei St. Walburg geht in diese Zeit zurück und eröffnet den Forschern Einblicke ins Dunkel der Geschichte. Neben Getreiden wurden von den hallstattzeitlichen Siedlern schon damals Leinsamen und der heute noch gegenwärtige Mohn kultiviert.

Die goldene Zeit des Römischen Kaiserreiches wich in den Wirren der Völkerwanderung der Episode der Ostgoten. Diese wiederum wurden im mittelalterlichen Siedlungsausbau von den eindringenden Bajuwaren abgelöst. Geistliche und weltliche Grundherren nannten sich nun Besitzer des Tales, doch in Wahrheit gehörte es immer den freien Bauern mit ihren charakteristischen Höfen und ertragreichen Wäldern – unabhängig und stark, arbeitsam und fromm, eigenwillig im Denken und Handeln.

Mineralische Heilbäder brachten in den Jahrzehnten vor dem Ersten Weltkrieg bescheidenen Aufschwung bis zum Ende in den 1960ern.

Wasser prägte aber auch weiterhin das wildromantische Tal. Sieben Stauseen wurden errichtet, am Berg, aber auch im Tal. Der Zoggler See überflutete prächtig

Sinnbild ländlicher Frömmigkeit   *Weiße Glockenblume*

gelegene und seit Jahrhunderten betriebene Bauernanwesen – die Sage vom verschütteten Dorf auf neuzeitlich.

Die Urlärchen aber berührt das wenig. Die drei übriggebliebenen stehen knorrig und stur, von den Unbilden der Witterung und dem eigenen Alter gezeichnet, als Naturdenkmal anerkannt und geschützt, ja sogar gepflegt und behandelt, still vor sich hin. Ihr Schicksal war nicht wie das so vieler anderer, Bauholz und Schindeln zu liefern. Sie sind Heimat von Flechten, Pilzen und Moosen, Larven, Spechten, Eulen, Mardern und Fledermäusen.

Brennend rote Liebe im Ultental
(Nahbereich Nationalpark Stilfser Joch)

Anfahrt auf der Brennerautobahn bis Bozen Süd, Schnellstraße nach Meran beziehungsweise Reschenstraße, Ausfahrt Lana (Gampenpass, Ultental) bis Kuppelwies, Parkplatz beim Lift Schwemmalm.

Vom Etschtal ins Ultental ist eine Reise vom mediterran berührten, intensiv genutzten, emsigen Tiefland zu einem der urtümlichsten Hochtäler Südtirols. Die Anfahrt erfolgt über die steilen Talstufen in unzähligen Serpentinen, vorbei an zwei Stauseen.

Diese und ein wachsender Tourismus bringen zwar neuzeitliches Flair, doch nur wenige Schritte genügen, um in eine Welt unverfälschter Landschaft, Siedlungsform und bäuerlichen Nutzung einzutreten.

Vom Parkplatz bei Kuppelwies wenden wir uns hinauf zum Höfeweg, der hier als Zufahrt zu den ersten Häusern beginnt. Bereits nach dem dritten Gebäude sind es nur ein paar Schritte hinauf zum Oberen Hof, einem der ältesten im Tal, daher rühren auch die sonst so seltenen gemauerten Bauteile und der aufwändige Erker.

Zurück am markierten Weg, der sich fast höhenlinienparallel an den Kräuter- und Hausgärten entlang zieht, oft von aufwändigen Trockensteinmauern gestützt, die gelber und weißer Mauerpfeffer und rote Spinnwebhauswurz als typische trockene Felsflur zieren. Hin und wieder lachen uns die vom Frühsommer übrig gebliebenen sonnigen Gesichtchen der

Gelber Fingerhut

Jeder Hof hat sein eigenes Bauerngartl

Feldstiefmütterchen entgegen. Auf den schottrigen Wegrändern gedeihen der Gute Heinrich, dessen Triebspitzen im Frühjahr als Spinat Verwendung finden; Beifuß, zu meterhohen Stauden ausgewachsen, trägt schwer an seinen tausenden Blütenköpfchen und wirkt anregend auf die Saftproduktion in Magen, Darm und Galle; die Kamille, deren Heilkraft fast keine Grenzen kennt, stimmt mit ihrem Kranz aus weißen Strahlenblüten mit gelbem Inneren fröhlich, und die Goldrute, die sich als Blasen- und Nierenmittel bewährt hat, ragt mit gelben Rispen wie eine Kerze in den Himmel.

Die Höfe entlang des Weges zeugen nicht gerade vom Füllhorn der Förderungen, doch von tiefer Verbundenheit mit Boden und heimatlichen Bräuchen. Fast jeder Zaun ist in der traditionellen Ultener Weise errichtet und erhalten, die Gebäude aus sonnenverbranntem Lärchenholz in Blockbauweise, Wohn- und Wirtschaftsgebäude im typischen Paarhof getrennt, die Dächer mit dicken Lärchenschindeln gedeckt, die der Bauer in langen Wintermonaten in mühevoller

Arbeit selbst spaltet. Reich ist man hier nur an Steinen und Wasser, wie wir im Verlauf der Wanderung feststellen. Der wahre Reichtum liegt im bunten Blumenschmuck an den Balkonen, vorwiegend Geranien, die brennende Liebe der Südtiroler, wie die Einheimischen sie nennen, in der üppigen Fülle der Hausgärten, der scharlachroten Mohnfelder, die Brauchtum und zugleich Zierde der sonnenverbrannten Höfe sind.

Eine Kirschallee begleitet uns zum Dörfchen St. Nikolaus, pittoreske Höfe und die neugotische Pfarrkirche stehen im Kontrast zu neuzeitlichen Hotelbauten und der modernen Schule.

Wir wenden uns im Dorfzentrum nach rechts, folgen der Markierung und dann dem Schild Höhenweg leicht aufwärts. Eine Brücke quert den Messnerbach mit seinen hunderten Treppen, die bei Hochwasser schützen sollen. Durch das Felssturzgelände des Steinberges, „Stoanbergl" genannt, steigt der Weg leicht an, in Schneisen erblickt man immer wieder die gegenüberliegende Schattseite mit Fichten- und Lärchenwäldern, in Gunstla-

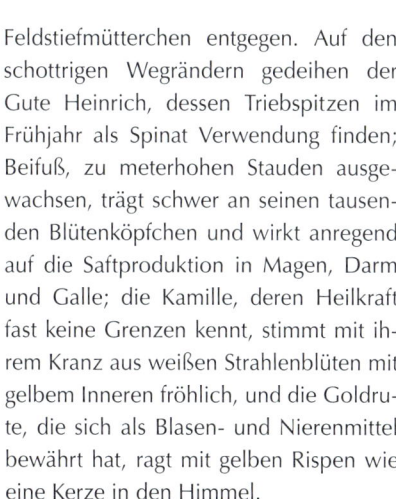

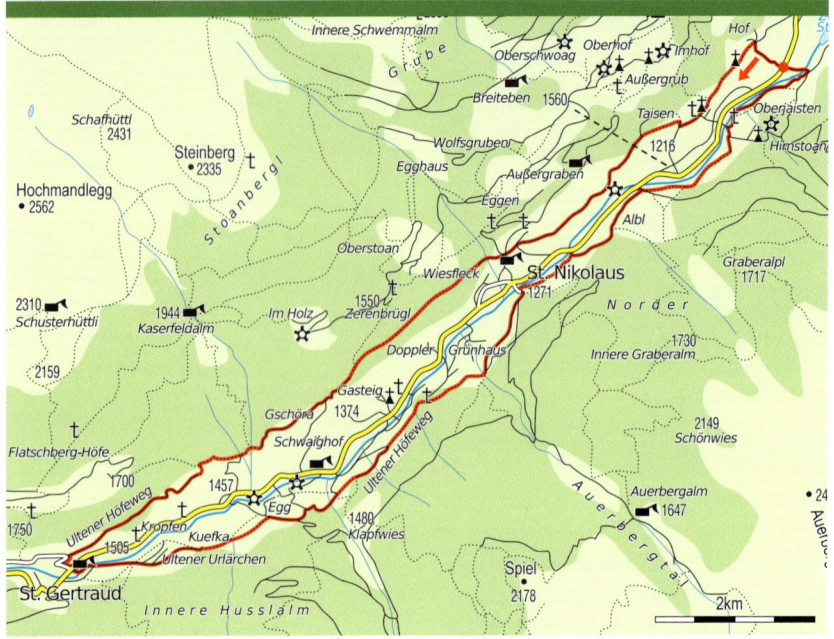

gen aber bewirtschaftet. Friedlich heben sich vom dunklen Wald die weißen und hellblauen Kelche der nesselblättrigen Glockenblume und die gelben des Fingerhuts ab. Dennoch ist Vorsicht geboten, denn in der letzteren schönen Pflanze lauert ein starkes Gift.

Beim Verlassen des Waldes treffen wir wieder auf die typischen Ultener Bauernhöfe, mit ihren steilen Wiesen oft nur händisch zu pflegen und ohne Bewässerung zu trocken. Die alten Waale sind leider fast alle verschwunden, die unzähligen Quellen speisen heute Beregnungsanlagen.

Der Höfeweg führt nun befestigt, dann als Asphaltstraße auf St. Gertraud zu. Von der Kirche gibt es einen schönen Blick zurück hinaus ins Tal, unterhalb wartet das Naturparkhaus Lahner Säge mit ei-

START: Parkplatz Schwemmalm Lift bei Kuppelwies (1.135 m)

KURZFASSUNG: Parkplatz, St. Nikolaus, St. Gertraud und zurück

HÖCHSTE WEGSTELLE: St. Gertraud (1.519 m)

HÖHENUNTERSCHIED: 400 m

REINE GEHZEIT: 3 Stunden

SCHWIERIGKEIT: ✿

TOURISMUS-INFO: 0039/473/795387

TIPP: Echte Naturprodukte am Oberer Hof, oberhalb des Parkplatzes

ner Vielzahl an Informationen und einem Abstecher zu den tausendjährigen Urlärchen.

Der Wanderbus bringt uns zurück zum Parkplatz, die Runde schließt sich freilich auch als Wanderung am rechten Bachufer talauswärts (zweieinhalb Stunden).

Schopfig-weiße Wedel im Wind

24

Scheuchzer Wollgras

Alpenwollgras
Eriophorum scheuchzeri
Familie: Riedgrasgewächse, Seggen
(Cyperaceae)

Im europäischen Raum kennt man fünf verwandte Wollgrasarten, die alle Moore als ihren Lebensraum bevorzugen. Als eines der selteneren kommt das Scheuchzer Wollgras vorwiegend in den Zentralalpen an hochalpinen Gletscherseen und Tümpeln in sauren, kalk- und nährstoffarmen Torfen vor. Die mehrjährige, krautige Pflanze wird höchsten 30 Zentimeter hoch und trägt mit ihren langen, rot-braun gefärbten Ausläufern wesentlich zur Verlandung der Gewässer bei. Der attraktive weiße, wollige Schopf, der ihm seinen Namen verleiht, ist die Blütenhülle, deren Fäden in den Früchten zu langen Haaren für die Samenverteilung auswachsen.

In runden Ähren blüht es erst im Sommer, also etwas später als die anderen Arten, und die leuchtend weißen Flächen der Wollgrasbestände sind von weitem sichtbar, erinnern an kleine Schneebällchen und weisen den Weg ins Moor.

Früher waren die seidig-weichen Fruchthaare von großem Nutzen. Von den Frauen gesammelt, verwendete man sie als Baumwollersatz, zur Kissenfüllung, aber auch Lampendochte wurden damit gedreht.

Scheuchzer Wollgras

Der botanische Name des Scheuchzer Wollgrases ehrt den Schweizer Naturforscher Johann Scheuchzer, der sich schon vor langer Zeit dafür einsetzte, bestehende Moore zu erhalten und vor weiteren Verlusten zu schützen.

Sonnenschein und Hitze im Tal über heuduftenden Wiesen. Zeit für einen Ausflug in die Höhe zum frischen Gipfelwind, der nichts von der Schwüle dort unten spüren lässt. Dachten wir – es kam anders!

Ein zügiger Aufstieg bringt uns rasch in Gipfelnähe – immer wieder ist Donnergrollen zu hören, die Berge verschleiern sich und Gewitterwolken ziehen auf. Unser Instinkt beschleunigt den Schritt Richtung Hütte, denn zweifellos braut sich ein mächtiges Gewitter zusammen, dem wir

Blumenbiotop beim Aufstieg

Sonnenschein und Hitze im Tal über heuduftenden Wiesen. Zeit für einen Ausflug in die Höhe zum frischen Gipfelwind, der nichts von der Schwüle dort unten spüren lässt. Dachten wir – es kam anders!

Ein zügiger Aufstieg bringt uns rasch in Gipfelnähe – immer wieder ist Donnergrollen zu hören, die Berge verschleiern sich und Gewitterwolken ziehen auf. Unser Instinkt beschleunigt den Schritt Richtung Hütte, denn zweifellos braut sich ein mächtiges Gewitter zusammen, dem wir besonders im Hochgebirge mit großem Respekt begegnen. In diesen Höhen ist der Winter auch im August über Nacht mit Kälte und Schnee da. Vieles – manchmal das Leben – hängt vom verantwortungsbewussten Verhalten und von der richtigen Ausrüstung ab.

Ich hatte mich schon so auf den samtweichen, weißen Flaum der Wollgrasschöpfchen, die im Wind auf ihren dünnen Stielen spielen und auf den Steinen feine Schatten zeigen, gefreut, und dieses Fotomotiv war schon ganz lebendig vor mir.

Was ich nach dem Gewitterguss, den wir trocken in der Hütte überstanden, beim Streifzug durchs Hochmoor von der einst schillernd-weißen Pracht sah, war eher trist. Betrübt ließen die **Wollgräser**

ihre Köpfchen hängen, ganz beleidigt sahen sie aus, die Wollhaare eng aneinander geklebt. Der Auftritt der kleinen Schöpfe mit großer Wirkung ist im wahrsten Sinne des Wortes ins Wasser gefallen.

Ob sie sich in diesem Sommer wohl noch einmal erholen? In der Nacht fielen 50 Zentimeter Neuschnee.

Einfach Wasser?

Seen sind wie Spiegel, und ihrem Zauber entkommt keiner. Auf unseren Wanderungen durch Südtirol begegnen wir so manchen, jeder hat seinen ganz eigenen Charakter, und doch verbindet sie vieles. Im Laufe von Jahrmillionen haben die einzelnen Wassermoleküle wohl jeden Flecken auf der Erde besucht, in ewigem Kreislauf größte Höhen der Lufthülle erklommen, bis grimmige Kälte sie kondensieren ließ und aus Tautropfen Regentropfen, Hagelkörner oder auch kunstvolle Schneekristalle schuf.

Als Schnee bedecken sie im Winter wohl auch schützend die Krume, als Hagel zerstören sie zarte Pflanzen, doch als flüssiger Niederschlag sind sie die wichtigste Grundlage des Lebens. Sie schließen der Vegetation Nährstoffe mikroskopisch klein auf, bewerkstelligen deren Transport in jedem Lebewesen, verteilen Energie und helfen Schadstoffe auszuscheiden.

Während feste Stoffe ein großes Beharrungsvermögen haben und schwerfällig agieren, sind die Wässer unseres Planeten agil und wieselflink. Auf Dauer stellt sich ihnen nichts in den Weg, nichts kann sie aufhalten.

In flachem Gelände graben sie träge Mäander in den Untergrund, so lange, bis deren Schleifen zusammen fallen und den Fluss begradigen. Er muss sich letztlich immer den kürzesten Weg suchen. Ist das Gefälle steil, so wird sich auch das Bett des Flusses darauf einstellen. Tief schneidet er ein, reißt Geröll mit sich, lagert ab und um und gleitet durch steinerne Barrieren wie ein heißes Messer durch gelbe Butter.

Doch oft auch kommt das Wasser zumindest temporär zur Ruhe. Vielleicht haben Kräfte im Untergrund eine Mulde angelegt, tonige Schichten als Staugrund gewirkt, das Wasser als Lösungsmittel selbst eine Hohlform geschaffen oder auch sein Verwandter, der Gletscher, Formen vorgegeben und durch Schüttmaterial aufgestaut.

Ist es reine Notwendigkeit, die Menschen an Gewässer geführt hat, um Pfahl-bauten in vermeintlicher Sicherheit anzulegen, nach Fischen zu angeln, stets das Leben spendende Nass in der Nähe zu haben? Oder haben die Recht, die dem Wasser eine archaische Magie zusprechen und von geheimnisvollen Schwingungen und Informationstransfer erzählen.

Wir blicken über den ruhigen Spiegel des Spronser Langsees, hinüber auf die von eiszeitlichen Gletschern gerundeten Steinbuckel mit ihren Findlingsblöcken. Sie liegen da wie schlafende Urtiere. An ihnen vorbei stapften Menschen in grauer Vorzeit, verweilten am Wasser und nahmen den Weg weiter hinunter ins Tal. Zuvor rieben sie wohl mit harten Holzstäben in den flachen Steinen, um die Löcher zu schaffen, in denen sie den Göttern ein paar Tropfen Wein, Öl für ein Lämpchen oder vielleicht auch nur

Seenlandschaft auf der Oberkaser Alm

Glaziale Lacken

einen Schluck Wasser darbrachten. Der Mensch von heute grübelt über den Sinn der Schalensteine.

Weiße Schöpfe an den Ufern der Spronser Seen
(Naturpark Texelgrupe)

Anfahrt auf der Brennerautobahn A22 bis Bozen Süd, auf der Meraner Schnellstraße bis Algund, weiter nach Vellau, von dort Korblift zur Leiteralm.

Diese außergewöhnliche Wanderung versetzt uns in einen besonderen Teil des Naturparks Texelgruppe. Wasser und Gletscher prägen die Gebirgsgruppe wie kaum eine andere. Die Gletscher haben sich zurückgezogen, ihre Ausläufer reichen nur noch bescheiden von den Ötztaler Gipfeln nach Süden, doch Wasser in großer Fülle spenden sie heute noch, und die Mulden für eine ausgedehnte Seenplatte im Hochgebirge sind ihre Hinterlassenschaft.

Von Vellau ermöglicht uns der Korblift zur Leiteralm gut 500 Höhenmeter einzusparen, beim Abstieg wird er uns knieschonend unterstützen. Zur Alm selbst gelangen wir von der Liftstation in wenigen Minuten, dann führt zunächst Weg 25 hinauf in Richtung Gampbichl, einem massiven Felsrücken auf der Kuhalm. Der weitere Anstieg auf dem links abbiegenden Meraner Höhenweg Süd 24 zum Hochganghaus ist teilweise schon recht steil und verbirgt sich meist im schattenspendenden Wald.

Vom Schutzhaus geht es kurz noch fast eben dahin, Steig 7 passiert eine Quelle, und gleich darauf heißt es „Nur für Geübte". Der Aufstieg zur Hochgangscharte ist steil, Serpentinen ziehen sich durch das Geröll.

Verschnaufpausen sind daher willkommen und zum Betrachten der dominierenden Blautöne wie geschaffen. Wie die Glockenblumen, von beeindruckender Zartheit ihre Glöckchen, lassen wir unsere Seele baumeln. Die „Bärtige" hat sich um die „Scheuchzer" postiert, und über den hellblauen Wolken der kleinen Glockenblume erheben sich Teufelskralle und Storchschnabel. Dicht am Boden kuscheln Vergissmeinnicht und Ehrenpreis, um dieses Blau in Blau zu vervollständigen. Harmonisch stehen die Korbblütler Arnika, Astern und Schafgarbe beisammen und fallen durch besonders üppige Blütenkörbchen auf. Wo das Gelände auf Fels ausgesetzt ist, unterstützen Leitern, Seile und Ketten den Wanderer. Trittsicherheit und Schwindelfreiheit sind gefragt, doch der Blick hinunter und hinaus in den Vinschgau lohnt sich.

Mit der Scharte ist auch das Hochplateau der Spronser Seen erreicht. Der Langsee liegt unmittelbar vor uns, der größte und tiefste von ihnen. Weg 22 führt zuerst oberhalb, dann direkt am Nordwestufer entlang, inmitten von großflächigen Gletscherschliffen und gigantischen, verstreut liegenden Felsbrocken, teilweise als Findlinge auf Felsbuckeln abgelegt.

Orangerotes Habichtskraut   *Bärtige Glockenblume*

Die Gestaltungskraft der Gletscher liegt wie in einem urzeitlichen Bilderbuch offen vor dem Betrachter. Wie durch ein Wunder können sich im kargen Untergrund auf Krumseggenrasen rund um die kleinen Lacken der blaue, heilkräftige Speik, der an ein Himmelschlüssel erinnert und durch seine intensive Violetttönung ins Auge sticht, und der Gletscher-Hahnenfuß mit strahlend weißen Blüten und dottergelben Staubgefäßen, auch als „Kraxler" bekannt, ansiedeln.

Der wesentlich kleinere, fast runde Grünsee dient als Durchlaufbecken. Wir passieren ihn südlich und steigen in Richtung der Oberkaseralm ab.

Der seichte, fast verlandete Mückensee bleibt rechts liegen. Der uralte, sogenannte Totenweg erinnert an die kirchliche Verbindung zwischen Pfelders und St. Peter bei Meran und bringt uns hinunter zur Oberkaseralm. Die Verebnung zu Füßen der Alm schuf zwei seichte Seen, auch als Lacken bezeichnet, den Kasersee und etwas oberhalb den Pfitschersee. Vor allem Letzterer mit seiner kleinen Insel und den zarten Wollgräsern im Uferbereich ist seit jeher ein beliebter Rastplatz. Davon zeugen nicht zuletzt die zahlreichen Schalensteine am knapp oberhalb gelegenen Pfitschersattel.

Vom Pfitscher Schartl zuerst eben und leicht absteigend Richtung Mutkopf, dann zeichnet sich schon die Abzweigung zur Taufenscharte im Gelände ab. Weg 25 ist beschildert und steigt nach rechts noch einmal steil an, dann ist die Taufenscharte erreicht.

In unzähligen Serpentinen, stets mit Blick auf die unterhalb liegende Kuhalm, den Felsbuckel des Gampl und die Obst- und Gemüsekulturen unten im Haupttal, schlängelt sich der Pfad im grasigen freien Gelände steil hinunter. Die Augen von Blumenfreunden leuchten auf, geradezu überwältigend ist die Farbenpracht. An den Fels mit seinen unregelmäßigen Kanten krallen sich die Pölsterchen von Traubensteinbrech, der mit seinen cremeweißen Sternblüten besticht, und blau-grünem Steinbrech, dessen weiße Blüten sich hoch über die Rosette erhe-

Blauer Speik

Echte Edelraute

ben. Die dunkelvioletten, kurzstieligen Blüten der Kugeligen Teufelskralle, sogar einzelne weiß-filzige Sterne des Edelweiß und das grelle Pink von Nelken lachen uns entgegen. Die Vielzahl der orange geflammten Blütenköpfchen des Habichtkrautes ist außergewöhnlich. An sehr exponierten Stellen, meist in der Königloge, sitzt durch ihre grau-filzige Behaarung gut getarnt, doch verraten durch ihren Wohlgeruch, die Echte Edelraute. Lauter Schätze, wohin man auch schaut!

START: Bergstation Korblift von Vellau (1.522 m)

KURZFASSUNG: Leiteralm, Hochgang- haus, Scharte, Seen, Pfitscher Sattel, Taufenscharte, Leiteralm

HÖCHSTE WEGSTELLE: Hochgangscharte (2.441 m)

HÖHENUNTERSCHIED: 900 m

REINE GEHZEIT: 7 Stunden

SCHWIERIGKEIT: ❀ ❀ ❀ ❀

TOURISMUS-INFO: 0039/473/666077

TIPP: Naturparkhaus Texelgruppe Naturns

Unser Weg mündet nun in den kühlen Fichtenwald, über ungezählte Wurzeln und Steinrippen steigen wir ständig abwärts, bis die Leiteralm und gleich darauf die Liftstation erreicht sind.

In der Schatzkammer der Dolomiten

25

Dolomiten-Teufelskralle

Rapunzel
Phyteuma sieberi Spreng.
Familie: Glockenblumengewächse
(Campanulaceae)

Für eine so schöne Blume ein etwas furchteinflößender Name, doch betrachtet man die Form der Einzelblüten, erinnern sie wirklich an lange Krallen, gleich bei allen Gattungen, die es gibt. Ich kannte sie unter dem Namen Rapunzel, der von ihrer dicken Wurzel herrührt und an eine Rübe erinnert.

Der Weg führt an einer steilen Felswand entlang, und auf einem Vorsprung steht eine prachtvolle Blume – die erste Dolomiten-Teufelskralle, die wir zu Gesicht bekommen. Einsam, fast unnahbar zwängt sie sich aus Ritzen und Felsspalten hervor, die Wurzeln dringen tief ein, finden dort Halt und Feuchtigkeit, die Blüten Schutz vor Frost und Wind.

Als typische Reliktpflanze wächst sie auf Kalk und Dolomit von 1.600 bis 2.000 Metern Höhe in den Südlichen Kalkalpen. Der kurze Stiel ist zur Gänze mit breit lanzettlichen, gezähnten, eher dicken Blättern versehen und trägt als Schmuckstück das tiefblaue, kugelige Köpfchen, das einem fünfmal so groß erscheint wie das ganze Pflänzchen, mit 5 bis 15 krallenförmig gekrümmten Einzelblüten.

Ausgesprochen attraktiv, als Lockmittel für Insekten, präsentiert sich die Dolo-

Dolomiten-Teufelskralle

miten-Teufelskralle in ihrer Blütezeit zwischen Juli und September. Sie wetteifert mit dem Blau des Himmels und lässt immer wieder seinen Schein durch ihre Krallen.

Ein Märchen erzählt von der **Teufelskralle**, die einmal auf die Felsenburg eines bösen Berggeistes geklettert sein soll, um die Welt aus der Vogelperspektive zu sehen. Der Riese war erbost über das Eindringen in sein Reich und verbannte das waghalsige Pflänzchen in eine Gletscherspalte. All seine Blumenschwestern machten sich nun auf den Weg, es zu suchen, und berieten, wie sie es wohl befreien könnten. Eine lange Karawane von Blumenkindern in allen Farben und Formen stieg den Berg hinauf. Doch dem bösen Berggeist entgingen sie nicht. Er erkannte die lieblichen Blumengesichter – ist doch eines dem anderen sehr ähnlich – er roch ihren köstlichen Duft und kannte kein Erbarmen. Mit seinem Zauberstab verbannte er diese liebliche Schar für immer in die höchsten Berge. Dort blieben sie stehen bis heute – seit urdenklichen Zeiten.

Tatsächlich überlebte die Dolomiten-Teufelskralle die Eiszeiten auf den schneefreien Gipfeln der Dolomiten und mit ihr auch einige andere Spezialisten, die das nötige Rüstzeug für den Kampf in Schnee und Eis inne hatten und dort oben auch sehr alt wurden.

Doch im Gegensatz zum bösen Berggeist symbolisieren Blumen für uns den Wunsch, unter einem liebenden Blick zu erblühen.

Zahllose Heustadel begleiten beim Aufstieg

Der letzte Minnesänger

Wir sitzen vor der Stevia-Hütte. Unten liegt das Langental, an seinem Ausgang, hoch oben in einer Nische, als ob sie selbst ein Teil des Felsen wäre, hineingemauert die Ruine der Burg mit dem bildhaften Namen Wolkenstein. Sie gab dem Ort den Namen und war das Stammschloss derer von Wolkenstein. Ihr bekanntester und für die Nachwelt bedeutendster Spross war Oswald. Seine Vorfahren waren feudale Fronherren und im Umgang mit dem Volk als selbsternannte Schutzherren nicht gerade zimperlich. Diese Eigenschaft zeichnete auch ihn aus, doch nicht nur diese, sein Charakter war äußerst komplex. Schon im Alter von zehn Jahren verlässt er das Elternhaus, zieht als Knappe hinaus. „Ich wollt besehen,

Alpen-Leinkraut

wie die welt wär gestalt", und das fand er als „Tiroler Odysseus" fürwahr heraus. Die meisten der zu seiner Zeit bekannten Länder und Gegenden bereiste er und berichtete davon in seinen Gedichten. „Durch Barbarei Arabia, durch Harmanei in Persia, durch Tartarei in Suria" und so manche andere mehr.

Vieles an seiner Dichtung hat autobiographische Züge und sein Leben bot wahrlich einen reichen Schatz an Erlebnissen und Erfahrungen, die er poetisch, lyrisch, wie auch musikalisch umzusetzen verstand: „auch kunt ich fidlen, trummen, paugken, pfeiffen", wie er selbst berichtet. Sein Sprachgefühl, nicht zuletzt durch das Erlernen von unterschiedlichsten Fremdsprachen geschärft, wird hoch geschätzt. Sein Repertoire umfasst „franzoisch, moerisch, teutsch, latein, windisch" und andere Sprachen, im Notfall freilich auch „die zehensprach hab ich gebraucht, wenn mir zerran."

Zu seiner sprachlichen Ausdruckskraft kam ein weites Spektrum an Themen in seinen Liedern und Gedichten. Zu Recht wird dieser letzte der Minnesänger auch einer der größten genannt. Ein Kind des Hochmittelalters, blickte er aber doch schon in die Neuzeit und beteiligte sich immer wieder an der politischen Gestaltung seiner Epoche. Den Widerspruch des ausgehenden Mittelalters, heidnische und christliche Auffassungen im Widerstreit, selbstverständliche Grausamkeiten neben zärtlichen Empfindungen, feinsinnige Kunst neben derbem Leben, lebte auch er. Raufhändel waren ihm nicht fremd, heftige Liebschaften mit allen Facetten zogen ihn wie magisch an. Seine Moralvorstellungen waren frei von Skrupel, ein gestoh-

lenes Pferd etwa schien ihm viel mehr zu bedeuten als ein rechtmäßig erworbenes. Sein ganzes Leben ein stetiges Auf und Ab, Ansehen und Wohlstand wechselten mit Not und Folter. Stets schöpfte er aus dem Vollen, in seinen Liedern singt er unverblümt davon, kurz gesagt: „die pluemen der tugent" eines Zeitgenossen waren sicher nicht die Seinen.

Auf der Jagd nach dem blauen Juwel in der Sylvesterscharte
(Naturpark Puez-Geisler)

Auf der Brennerautobahn A22 bis Ausfahrt Klausen, durch das Grödental bis Wolkenstein, Parkplatz Daunei. Den Parkplatz bei Daunei erreicht man auf der Streda Daunei, die westlich des Ortszentrums abzweigt.

Weg 3 führt nun zuerst eher flach, dann durchwegs ansteigend am Waldrand entlang, das ausgedehnte Almgebiet von Juac empor. Vorbei an verstreut liegenden Stadeln der Almen mit ihren Mulden, Bächlein, den ,Lech' genannten kleinen Seen und blumenreichen Kuppen, die im bunten Mosaik der Wiesenblumen die bizarren Felsen umrahmen, bis hinauf zur Juac-Hütte.

Alpen-Aster　　　　　　　　　　　　　　*Zottiges Habichtskraut*

Vor allem fällt hier die rosarote Pracht-nelke auf, ein eher seltenes Exemplar, sie verzaubert durch ihr gefiederähn-liches Spitzengewand und verströmt eine eigenwillige Duftnote, die an gute Seife erinnert. Der Böhmische Enzian wächst fast flächendeckend, tut sich mit Knäuelglockenblume, Witwenblu-me, Schafgarbe, einköpfiger Distel und Glockenblume zusammen, und die Farbkomposition in Blau- und Lilatönen wirkt bestechend. Darunter mischt sich das grelle Gelb der Zottigen Habichts-kräuter, und die Zittergräser geben der Wiese die Leichtigkeit.

Hier beginnt nach rechts abbiegend der romantische Steig hinauf zur Sylves-terscharte. Zuerst auf einem Hügelrü-cken, vorbei an dem alten Stadl, durch-setzt mit einzelnen Zirben und Lärchen, später dann durch dichte und dunkle Fichten, bis schließlich dann der Wald zurücktritt.

Im Felssturzgelände erscheint hoch oben der u-förmige Übergang der Sylves-terscharte. Hunderte Treppen und Stufen sind nun zu bezwingen, ein Dank den fleißigen Wegmachern. Unter uns liegt das Grödnertal, jenseits Sellastock und Langkofel, wie ein Relief die Seiser Alm.

Einzelne Dolomiten-Teufelskrallen ver-stecken sich in den Felsritzen und -spal-ten vor und nach der Sylvesterscharte. Sie bestechen durch die dunkelblau-violette Färbung der krallenähnlichen Blüten, die in einer Rosette vereint nur circa fünf Zentimeter hoch werden.

Ein paar Kehren weiter unten kommt Weg 17a ebenfalls von Wolkenstein herauf, unser Weg 17, breit und bequem zu gehen, lehnt sich an die schroffen Felswände und erreicht nach kurzer Zeit die Almfläche der Stevia und die gleichnamige Hütte.

Der befestigte Weg steigt über die aus-gedehnten, von Rasen bedeckten, steini-gen Flächen, die für das Edelweiß wie ge-schaffen sind. Seine weiß-filzigen Sterne begeistern seit jeher den Wanderer. Die Logenplätze sichert sich die Alpenaster mit lila Zungenblüten und gelber Mitte. Auf den sonnigen Kalkfelsen breitet das Dolomiten-Fingerkraut seine Blüten im zarten Rosé auf silbrigen Blätterkissen aus, dicht an den Boden geschmiegt. Auf dem Rücken steigen wir zügig zur Nadelscharte empor.

Tief unten liegt das fast unberührte Langental, der Tafelberg Ciastel beeindruckt mit seiner grasigen Hochfläche und einzelnen Zirben, jenseits die aufragenden Cirspitzen, nach Osten hin das Plateau der Puez-Gruppe, hoch aufragend die Puez-Spitzen.

Die Nadelscharte ist erreicht, vor uns steht die namensgebende Nadel. Dahinter, wie es sonst nur ein Alpenvogel erblickt, der steile Abstieg ins Gebiet der Cisles Alm auf Weg 17. Unten leuchten die Gebäude der Regensburger-Hütte, dahinter die Hütten und Gaststätten des Col Raiser, Almwiesen steigen zu Cucasattel und Seceda hin an. Im Hintergrund stehen die gewaltigen Massive und Gipfel der Geislergruppe.

Der Abstieg ist nicht so beschwerlich, wie man befürchten möchte. Zu bizarr und aufregend sind die steilen Wände des Mont Stevia links, zu zerklüftet, von der Erosion geschärft und verformt die Felsen rechts. Unzählige Tonnen von Felsgestein haben hier über die Jahrtausende der Schwerkraft nachgegeben. Weiß schimmert der Dolomit, kalt und unfruchtbar. Doch in den Felsritzen sammelt sich Feinmaterial, Samen fliegen an, Alpen- Leinkraut, Mohn, Täschelkraut, Steinbrechgewächse, Stängelloses Leimkraut und viele andere Geröllpflanzen haben eine Lebensgrundlage.

Wo sich das Geröll schon verfestigt hat, trägt es Polster der bewimperten, in hellen Rosatönen schimmernden Almrosen. Der Pfad schlängelt sich durch das Felssturzgebiet abwärts und trifft schließlich auf Weg 1,3, der rechts zur Regensburger

Hütte führt. Wir halten uns links auf dem Fahrweg hinunter ins Tal, bis zur Abzweigung Juac-Hütte. Von dieser geht es auf dem bekannten Aufstieg zurück ins Tal.

START: Parkplatz Daunei (1.687 m)

KURZFASSUNG: Parkplatz Daunei, Juac-Hütte, Sylvesterscharte, Stevia-Hütte, Nadelscharte, Parkplatz

HÖCHSTE WEGSTELLE: Nadelscharte (2.489 m)

HÖHENUNTERSCHIED: 800 m

REINE GEHZEIT: 6 Stunden

SCHWIERIGKEIT: ❀ ❀ ❀

TOURISMUS-INFO: 0039/471/777900

TIPP: Edelweißblüte im September

Geheimnisvoll und unnahbar

26

Schopfige Teufelskralle

Kralle des Bösen

Physoplexis comosa L.
Familie: Glockenblumengewächse
(Campanulaceae)

In den senkrechten Felsritzen und -spalten hat die ausdauernde Schopfige Teufelskralle mit ihren holzigen Wurzeln und einer Wuchshöhe von 5 bis 15 Zentimetern wohl jede Eiszeit überlebt. Sie wächst auf Kalk und Dolomit von Südtirol bis zum Comersee, aber auch in Kärnten und Slowenien ist sie zu finden und steigt dort in Höhen bis zu 1.700 Metern.

Die bläulich-grünen, nierenförmigen Blätter sind grob gesägt, tief eingeschlitzt und grundständig. Ihre einzigartigen Blüten stehen zu 9 bis 20 in einer kopfigen Scheindolde. Jede einzelne ist kurz gestielt, wird bis zu drei Zentimeter lang in einer Farbpalette zwischen Hellrosa und Lila. Wie aufgeblasene Ballons stehen sie zusammen und verjüngen sich nach oben zu einem tiefblau-violetten Schnabel.

In ihrer Blütezeit zwischen Juni und August verwöhnt uns dieses Luxusgeschöpf mit seinem Anblick und schaut prachtvoll und unnahbar aus den Felsritzen.

Es gibt ungewöhnliche Orte auf der Erde mit einmaliger Dichte. Sagenumwobene Kraftplätze und Kultorte in grandioser Landschaft. Der Pragser Wildsee ist einer von ihnen. Unter den majestätischen

Schopfige Teufelskralle

Fanes Dolomiten liegt er still, in bizarrer Schönheit, mit unterirdischem Eingang ins „Fanesreich". Wir befinden uns im Reich der Feen und Naturgeister, der Elfen und Hexen, der Zwerge und Kobolde. Diese Geschöpfe haben die Fantasie der Menschen jahrtausendelang geprägt, und wenn wir dem mystischen Begreifen der Natur näher kommen, dann kann es schon einmal sein, dass sie so manchen Schabernack mit uns treiben, während wir ihren Geschichten lauschen. Nach alter Vorstellung ist die Natur beseelt von Geistwesen, deren Existenz natürlich nicht belegt ist, der Ursprung jedoch in der realen Welt liegt.

Unsere **Schopfige Teufelskralle**, eine wahre Primadonna der Pflanzen, hat sich ihre Bleibe in diesem Zauberreich geschaffen. In den Felsspalten hat sie alle Eiszeiten überdauert und ist weder vom Blattschmuck, noch von ihrem eigentümlichen Blütenkleid, das an aufgeblasene rosa-violette Zipfel mit langen Hexenkrallen erinnert, zu übersehen.

Von Wohl und Wehe der Fanes

Das goldene Zeitalter des Fanes Reiches war erfüllt von Wohlstand und Zufriedenheit. Mensch und Tier bewohnten das fruchtbare Bergland lang vor unserer Zeit in harmonischem Gleichklang. Zum Zeichen der Verbundenheit wurden sogar Kinder aus den königlichen Familien ausgetauscht, sodass die Zwillingsschwester der schönen, tapferen, aber auch gütigen Dolasilla, die gleichartige Luysanta, im unterirdischen Reich der weisen Murmeltiere lebte.

Doch der paradiesische Zustand war nicht von Dauer. Getrieben von unersättlicher Gier nach Macht und Besitz verbündete sich der König mit Fremdlingen,

anstelle des friedlichen Murmeltiers erkor er den wilden Adler als Wappentier, auf der Suche nach Gold ließ er sein Volk ungeschützt zurück. Die kriegerischen Nachbarn überfielen das harmlose Reich, Verrat und Zauber brachten Dolasillas Ende und Verderben.

Die verzweifelte Königin, mittlerweile alt und erblindet, erinnerte sich in ihrer Not an das Bündnis mit den Murmeltieren und an ihre Tochter Luysanta.

Auf ihr flehentliches Rufen erschien diese alsbald und führte die gebrechliche Mutter und die traurigen Reste des Fanes-Volkes ins unterirdische Reich.

Tief unter den nun kargen und wüsten Flächen leben sie in den verzweigten Gängen, Höhlen und Felsendomen, an kristallklaren Seen und reinen, rauschenden Bächen. Die Murmeltiere sorgen für sie und es fehlt ihnen an fast nichts.

Doch im Herzen der Königin und ihres Volkes herrscht eine tiefe Wehmut und Sehnsucht. Unzählige Tränen werden um das verlorene Glück vergossen, doch ein Trost ist ihnen geblieben.

Grasnelken („Schlernhexen") unter dem Joch

Herzblatt

Die alten Geschichten verheißen die Rückkehr des goldenen Zeitalters, sobald Trompeten in hellen Tönen die Königsfanfare erklingen lassen.

In Vollmondnächten erscheint wie durch ein Wunder ein Tor, das aus der Welt im Herzen des Berges einen Strom in den silbrig gleißenden Pragser Wildsee leitet. Ein Boot, mit glänzenden Beschlägen und funkelnden Schmucksteinen verziert, gleitet sanft in das Gewässer. Die treue Luysanta führt das Ruder, im Bug steht die blinde Königin, aufrecht und ungebeugt, den Kopf lauschend leicht geneigt.

Der Mond verschwindet hinter einer Wolke, und als er wieder auftaucht, ist die Erscheinung verschwunden.

Am Lagazuoi drüben steht noch heute die steinerne Säule, in die der habgierige König verwandelt wurde, unweit des Falzarego-Passes, dessen Name an ihn erinnert.

Ein Luxusgeschöpf in den Felsritzen am Pragser Wildsee

(Naturpark Fanes-Sennes-Prags)

Anfahrt auf der Brennerautobahn A22 bis Brixen Nord, durch das Pustertal bis Welsberg, weiter ins Pragsertal zum Parkplatz am See.

Es ist Mitte Juli, die Sonne strahlt vom blauen Himmel, die Tage werden heiß. Abkühlung bringen Seen und Berge. Auf dieser Wanderung genießen wir beides.

Vom Hotel aus, einem charmanten, klassischen Relikt aus den Anfängen des Tourismus, liegt der glatte Spiegel des Wildsees wie ein Gemälde vor uns. Die schroffen Wände des Seekofels spiegeln sich im Türkis des Wassers. Die Umrun-

dung des Sees ist sehr beliebt und nicht anstrengend. Wer es gemütlich nimmt, findet bereits hier in den Felswänden entlang und oberhalb des Weges die so seltene Schopfige Teufelskralle. Einmal gesehen, ist sie unverkennbar und erinnert mit ihren rosarot aufgeblasenen, spitz zulaufenden, dunklen Zipfeln wirklich an Hexenkrallen. Wahrscheinlich verlieh ihr dieses etwas mystische Aussehen den Beinamen „Kralle des Bösen".

Doch uns treibt es höher hinauf. Beim südlichen Ufer verlässt der Dolomitenhöhenweg 1 die eiszeitliche Mulde mit dem darin ruhenden See, der Anstieg beginnt. Von allen Seiten haben die grandiosen Berge wie Kleiner Apostel und Großer Jaufen, nicht zuletzt der Seekofel selbst, ihren Fels- und Schotterschutt abgeladen. In diesen Halden schlängelt sich der Weg neben rot-brauner Stendelwurz und Echter Sumpfwurz, Kostbarkeiten im Orchideenreich mit bizarren Blüten, behaarter Almrose in allen Rosa- und Rottönen und dem Herzblatt, das durch sein herz-eiförmiges Blütenkleid mit durchschimmernden Äderchen, besonders aber durch seine Schlichtheit besticht.

Wilde Nelken

Pragser Wildsee

Hinauf zum sogenannten Nabigen Loch, steil und schottrig, doch abwechslungsreich. Da schimmern einige zartrosa Blüten – nicht viele – was kann das sein? Neugierig geworden, gehen wir einige Meter vom Weg in den Schotter, und siehe da – die so selten vorkommende Zwerg-Alpenrose hat noch mit ein paar Blüten auf uns gewartet.

Eine erste Abzweigung führt rechts hinauf zu einer Verebnung, der Weg hält sich unter den Vorbergen des Seekofels eng an die Flanke, quer hinauf durch einen Schuttkegel, unterhalb liegen die schwereren und größeren Felsbrocken. Die Neigung der Gesteinsschichten erinnert an die Entstehung der Alpen, heute dienen die Bänder als Stiegen weiter hinauf, teilweise mit Seilen gesichert. Die bekannten Schuttwanderer pinseln sonniges Gelb, himmlisches Blau, strahlendes Sahneweiß, kräftiges Rot und Violett auf die Steine und setzen leuchtende Akzente. Eine besondere Freude bereitet die dunkle Fetthenne, wahrscheinlich, weil wir sie heuer das erste Mal finden. Mit braun-rot überlaufenen Blüten und fleischig dicken Blättern erinnert sie an ihre Verwandte, die Spinnweben-Hauswurz, nur um vieles kleiner und zierlicher. Sie besie-

delt mit all den anderen Schönheiten die Schotterbänke und macht sie bunt.

Der nächste Wegweiser deutet nach rechts, hinein in den Ofen, ein archaisches, von Schotter und Felsblock erfülltes Tal, bis hinauf zum Sattel Forc. Sona Forn (Forc. = Forcella = ladinisch Sattel) mit Bildstöckl, die Seekofel-Hütte liegt unter uns. Im Blickfeld steht über der Almfläche nach Süden die Cristallo-Gruppe links, rechts die Tofana, dazwischen das Tal von Cortina, gegen Westen die Kreuzkofel-Gruppe.

Wenn die Dolomiten ein Lehrbuch der alpinen Geologie sind, dann ist der Naturpark Fanes- Senes-Prags ein besonders anschauliches Kapitel über den Karst und seinen Formenschatz. Das Regenwasser hat monumentale Felsplatten, auch droben am Seekofel, zerfurcht und teilweise aufgelöst, Karren sind die Folge. In den Vertiefungen sammelt sich Humus, ein ideales Substrat für genügsame Pflanzen. In kleinen Ritzen verankern sich die olivgrünen, kugeligen Rosetten des Traubensteinbrechs und seine cremefärbigen, fünfzähligen Blütensterne wirken am rot überlaufenen, langen Stiel wie gesteckt und entfalten ihren Zauber.

Weiter zuerst auf dem Fahrweg, dann bei der Abzweigung auf Weg 6, zugleich Teil des Dolomitenhöhenweges, über eine Landschaft von Hügeln und karstigen Hohlformen.

Sonst flattern sie durch die Lüfte – heute haben sich die Schmetterlinge ihre Landeplätze auf den grell pinkfärbigen Wilden Nelken gesucht, die im Steinrasen unsere Aufmerksamkeit für sich beanspruchen. Zu ihnen gesellen sich Edelweiß, Moschusgarbe und Kohlröschen in edler Kombination – Astern, Läusekräuter und Sonnenröschen umschmeicheln sie.

Oberhalb der Senes-Hütte bleiben wir rechts, Weg 23b steigt mäßig steil, aber stetig zur Seitenbachscharte an. Die steil aufragenden Platten des Seekofels ziehen wie magisch an, doch in einer Senke vor der Scharte locken überreiche Vorkommen der Grasnelke, besser bekannt als Schlernhexe, und tränken die Schutthalde in helles Violett, sie haben Vorrang.

Von der letzten Anhöhe fällt der Blick schließlich über eine schier endlose Schutthalde hinunter ins Grünwaldtal. Von der ungebändigten Wildheit bei Starkregen zeugt der immer wieder verlegte Weg. Meist ist das steile Tal jedoch trocken, man hört zwar Plätschern, doch der Wasserlauf verbirgt sich unter den Schottern und tritt erst weiter unten als Bächlein ans Tageslicht. Auf dieser Höhe begleitet auch wieder Fichtenwald und spendet willkommenen Schatten. Im letzten Abstieg wird das Grünwaldtal erreicht, zum See ist es nicht mehr weit, auf der Terrasse des Hotels wartet die verdiente Erfrischung.

START: Parkplatz Pragser Wildsee (1.494 m)

KURZFASSUNG: Parkplatz, Nabiges Loch, Seekofel-Hütte, Seitenbachscharte, Grünwaldtal, Parkplatz

HÖCHSTE WEGSTELLE: Seitenbachscharte (2.422 m)

HÖHENUNTERSCHIED: 950 m

REINE GEHZEIT: 7 Stunden

SCHWIERIGKEIT: ✿ ✿ ✿ ✿

TOURISMUS-INFO: 0039/474/748660

TIPP: Einkehr im Seehotel mit interessanter Vergangenheit

Moarleitnerhof – ein Kräuterparadies der Hobbykräuterbauern Dorothea und Gottfried auf der Sonnenseite von St. Lorenzen in 1.000 Metern Seehöhe – zu Fuß eine Dreiviertelstunde auf dem Jakobsweg Nr. 6 – keine Öffnungszeiten und keine Zäune!

Gefangen vom Blütenzauber

27

Dolomiten-Akelei

Einseles Akelei
Aquilegia einseleana
Familie: Hahnenfussgewächse
(Ranunculaceae)

Als zierliche, ausdauernde Pflanze hat sich die Dolomiten-Akelei durch die Eiszeiten gekämpft und kommt noch in eher seltenen Restbeständen in den Südlichen Kalkalpen und Zentralalpen vor. Sie ist wesentlich kleiner als ihre braunen und schwarz-violetten Verwandten, die wild wachsend in nicht zu zeitig gemähten Wiesen oder an Waldrändern zu finden und reich an farbigen Abarten und Formen sind, die besonders in Gärten gezogen werden und dort rasch verwildern.

Am geraden, unverzweigten, 15 bis 40 Zentimeter hohen Stiel baumelt leicht nickend meist nur eine kleine Blüte mit einem Durchmesser von bis zu fünf Zentimetern. Die mittelblauen, oft ins Dunkellila gehenden, trichterförmig zugespitzten, abstehenden Kronblätter öffnen sich Ende Juni bis Juli, und die fünf inneren kammerförmigen Honigblätter mit gelben, büscheligen Staubblättern haben einen hakenförmig gekrümmten, nektargefüllten Sporn. Das feine blaugrüne Laub ist grundständig, doppelt dreizahnig gefiedert und wächst auf grasigen Hängen, Blockhalden und in humusreichen Felsnischen bis auf 1.900 Meter.

Dolomiten-Akelei

Die **Dolomiten-Akelei** machte es mir nicht gerade leicht, ihre Schönheit auf den Bildern festzuhalten. Viele Exemplare setzten sich in diesem unbeschreiblichen Hauch von Wildnis in Szene und verlangten förmlich danach, diese Stimmung einzufangen. Doch nur mein Auge machte die Bilder, die Kamera gab kein O.K., weil immer wieder dichte Nebelschwaden vorbeizogen, die aber im Begriff waren, sich aufzulösen. Ungeduldig wartete ich, bis eine Blumenfee ein Fenster aufstoßen würde, durch das Licht und Sonne kam. Sie tat es! Wind kam auf, blitzschnell war der Himmel blau, und die weite Sicht in die Täler tat sich auf. Er fegte ungehemmt über Gipfel und Grate und spielte mit den extravaganten, blau-violetten Blütenköpfen, die sonnenverwöhnt von den steilen Balkonen und Felswänden lachten.

Meine Chance auf einen Schnappschuss, um dieses Lächeln der Natur in der rauen Wildnis einzufangen, war gekommen. Die Felsen mit den zitternden Geschöpfen wirkten wie angetupft, und hingebungsvoll kniete ich vor ihnen, auf Windstille wartend. Nach vielen Aufnahmen waren dann zwei scharfe dabei, die dieses Gefühl von Sommer und Freiheit, das die Dolomiten-Akelei in uns wachruft, wiedergaben. Ihre wilde Einzigartigkeit ist zum Verlieben und Staunen und schafft fast eine feierliche Stimmung. Herrliche Augenblicke voller Blütenglück!

Gedanken nach einer Wetterfront

Ein echter Nordtiroler kennt keinen Neid, höchstens das Gefühl, dass es im Süden unverhältnismäßig oft ein schöneres Wetter hat, und das empfindet er dann als ungerecht. In der Tat, kaum ist der Brenner passiert, schon lichten sich die düsteren Regenwolken, zwischen weißen Nebelfetzen blitzt es blau, und unvermittelt scheint die Sonne. Der Eindruck verstärkt sich mit all den Höhenmetern, die zurückgelegt werden. Die Zentralalpen sind nun einmal auch eine Klimascheide, dazu tragen die Höhe und die West-Ost-Ausrichtung beträchtlich bei.

So hat Brixen etwa die gleiche Höhenlage wie Innsbruck, der Jahresdurchschnitt der Temperatur ist jedoch um ein Grad wärmer. Schließlich erstreckt sich Südtirol bis hinunter nach Salurn auf etwa 200 Meter Seehöhe, das bedeutet dort schneearme und recht milde Winter und entsprechende Vegetation. Doch die Bandbreite ist weit gesteckt. Eisack- und Pustertal können ziemlich kühl sein, und

Rechter Leger

Edelkreuzkraut

der Vinschgau klagt über zu wenig Niederschläge. Außerdem hat Südtirol in seinen Seitentälern hoch gelegene Siedlungen; Wanderrouten beginnen oft erst ab 1.500 Metern und führen in frostige Lagen.

Hier im Hochgebirge muss man auch im Süden auf der Hut sein. Während Umschwünge aufgrund der Großwetterlage leichter einzuschätzen sind, ist im Hochsommer die plötzliche Gefahr für Bergwanderer und Kletterer beträchtlich. Dabei genügt oft schon ein vorsichtiger Blick auf die morgendliche Ostseite der Berge. Wenn hier die ersten Nebelfetzen ziehen und kleine Haufenwolken an den Hängen aufsteigen, ist erhöhte Vorsicht geboten. Beim weiteren Ausbau und Ansteigen der Wölkchen zu kräftigen Quellwolken können bis zum frühen Nachmittag schon erste Gewitter drohend am Himmel stehen. Die Sonne wird abgedeckt, aus der vorerst leichten Brise wird ein böiger Sturmwind, die ersten Regentropfen fallen, die Luft kühlt merkbar ab. Ja, es wird empfindlich kalt, Schnee ist keine Seltenheit, und bei entsprechender Thermik

drohen Hagelschläge. Blitz und Donner bedrängen den unvorsichtigen Wanderer, der sich zu weit hinauf gewagt hat. Der Vorsichtige ist hier sicher der Gesündere. In der Schutzhütte ist das Unwetter rasch abgewartet. Derartige Wetterereignisse gibt es im Hochgebirge immer wieder, oft auch überraschend. An den Tagen danach wird es von Vorteil sein, sich über den Zustand der Wanderwege zu erkundigen.

Der Normalfall im südlichen Tirol ist die längere trockene Schönwetterperiode, nicht zuletzt in den inneralpinen Gunsträumen. Kaltluft bleibt eher im Norden, die warmen, submediterranen Luftmassen stauen erst am Alpenhauptkamm an.

Dem Nordtiroler bleibt ein Trost. Wenn ein Mittelmeertief sich zum Beispiel über Genua dreht und mit Vehemenz feuchte Luft gegen Norden schaufelt, diese auf ihrem Weg abkühlt und abregnet, dann erblickt er im Süden die bekannte Wolkenmauer, ihm selbst bläst der warme, trockene Südföhn ins Gesicht.

Im violetten Blütenkleid auf grasigen Leiten
(Naturpark Schlern-Rosengarten)

Anfahrt über Autobahn A22, von Bozen Nord über Blumau ins Tiersertal. Auf der Panoramastraße bis St. Cyprian, im Zentrum links abbiegen, Beschilderung Weißlahnbad, Parkplatz 300 m vor dem Naturparkhaus „Steger Säge".

Das Tschamintal ist zur jeder Jahreszeit ein beliebtes Ziel, die Grasleiten-Hütte ein idealer Ausgangspunkt für Bergtouren in den westlichen Dolomiten. Doch der

Ansturm hält sich vor allem im Frühsommer in Grenzen. Wer hierher kommt, schätzt die Ruhe, die klare, frische Luft, die von Menschenhand kaum berührte Natur.

Die Wanderung beginnt beim Gasthaus Tschamin-Schwaige und folgt dem Weg 3/3a, zugleich Teil des Dolomiten-Höhenweges 9.

Der Anstieg gleich zu Beginn ist steil. Durch Föhren, später Tannen- und Fichtenwälder, bringt er uns hinauf zum Forstweg hoch über das Tal, der Tschaminbach bleibt unten zurück.

Bei der Abzweigung am Bildstöckl halten wir uns links und passieren die Quelle „Am Schwarzen Lettn", wie alle die zahlreichen Quellen im Tal von ausgezeichneter Qualität. Bald darauf überquert eine Brücke den Bach, weiter geht es nun meist in der Nähe des klaren Wassers. In diesem Tal beeindrucken von Mai bis September tausende Alpenreben, auch Winden genannt, in verwaschenem Blau und reicher Blüte. Mit ihren feinen Ranken finden sie gut Halt, um zielsicher an Bäumen und Sträuchern hochzukraxeln und diese mit großen Blütensternen zu schmücken.

Unten jedoch zischt und gischtet es über schneeweiße Dolomitrundlinge, das Dröhnen überdeckt alle anderen Geräusche, das eiskalte Farbenspiel von Hell-Grau zu Blaugrau und Weiß nimmt gefangen, doch der Wanderer reißt sich los und steigt weiter.

Am Schaf Leger angelangt, weitet sich das Tal, die Szenerie ist überwältigend. Links ragen die Felswände steil bis zur Hochfläche des Schlern hinauf, vor Erosion teilweise durch die sogenannten Rai-

Scheuchzer Glockenblume

bler Schichten geschützt und daher nicht so zergliedert wie das angrenzende Rosengartenmassiv, gesäumt von bizarren Formen der Zirben, die sich gegen den Himmel wie Scherenschnitte abheben. Die Stauden des blauen Eisenhutes, stets ein Hinweis auf Quellen im Untergrund, stehen kurz vor der Blüte, zahlreiche Türkenbundlilien nützen den Halbschatten der Bäume als Sonnenschirm.

Ein letzter Anstieg, dann öffnet sich der Kessel des Rechten Legers mit Blick auf die Schluchten und Spitzen von Grasleiten und Valbon.

Die flachen Almwiesen laden zur Rast, doch dann lockt wieder der Weg.

Zwischen den sattgrünen Latschen breitet sich die behaarte Almrose im zartesten aller Rosatöne, die ich je gesehen habe, aus. Die kleinen orangeroten Beeren sind die Samen des nunmehr schon verblühten Steinröschens, das uns den ganzen Bergfrühling lang mit seiner herrlichen Duftnote verzaubert hat.

Weg 3/3a führt oberhalb des schneeweißen Bachbettes weiter Richtung Tierser Alpl und Grasleiten-Hütte und

dringt schließlich in die Schlucht des Bärenloches ein. Bei der beschilderten Abzweigung 3a zur Grasleiten-Hütte wenden wir uns nun nach rechts. Der Baumbestand wird immer schütterer, und mit dem Erreichen der ersten Höhenstufe ist die Baumgrenze erreicht.

Jede einzelne Blumenwanderung berührt und verführt auf ihre eigene Art. Diesmal ist es die Dolomiten-Akelei, die im luftig leichten und extravaganten Blütenkleid in dunklem Violett auf dem kargen Rasen und unter den mächtigen Dolomitwänden ein Wunderwerk der Natur entstehen lässt. In luftiger Höhe thront sie auf den Felsen und ihre schön geformten Blütenkelche halten dem pfiffigen Bergwind stand. Wahrlich feenhafte Wesen – intensiv und von kurzer Dauer!

Der Wanderweg schmiegt sich nun eng an die Leiten (oder Hang), die im wärmenden Orange gefärbten Blütensterne des Edelrautenblättrigen Kreuzkrautes und die weiß-filzigen des Edelweiß mischen kräftig auf, und Scheuchzers Glockenblume setzt den Matten ihre blauen Farbtupfer auf und schüttelt ihre Glocken.

START: Tschamin-Schwaige (1.730 m)

KURZFASSUNG: Tschamin-Schwaige, Schwarze Lettn, Rechter Leger, Grasleiten-Hütte, Tschamin-Schwaige

HÖCHSTE WEGSTELLE: Grasleiten-Hütte (2.134 m)

HÖHENUNTERSCHIED: 1.100 m

REINE GEHZEIT: 6 Stunden

SCHWIERIGKEIT: ❀ ❀ ❀

TOURISMUS-INFO: 0039/471/642127

TIPP: Naturparkhaus Schlern (Steger Säge, Geologieinfo, Zaunschau)

Rundwanderung für Geübte von Grasleiten-Hütte über Molignonpass zum Tierser Alpl und durchs Bärenloch zurück

Unten liegt draußen das Tschamintal, im Einschnitt das Grasleitental, voraus die Kletterwände des Valbonkogels. Noch einmal klammert sich der Steig an die Hangschulter, ein paar steile Kehren und die Grasleiten-Hütte steht wie ein Wolkenschloss vor uns.

Die Einkehr ist verdient, danach vermittelt der Rückweg auf der gleichen Strecke eine neue Perspektive und verschafft dadurch abwechslungsreiche Einblicke.

Unvergessliche
Sternstunden

28

Edelweiß

Leontobodium alpinum
Familie: Korbblütler
(Asteraceae)

Viele Tausende von Menschen lockt der silberweiße Stern des Edelweiß in die Berge, wo er oft an fast unzugänglichen Stellen blüht. Deshalb und wohl auch wegen seiner bizarren Form ist er Sinnbild und Mythos der Alpen. Schon Kaiser Franz Joseph riskierte angeblich viel, um seiner geliebten Sisi das schönste „Bleamerl" der Welt zu pflücken.

Edelweiß

Die kleine, ausdauernde Rosettenstaude mit 5 bis 20 Zentimetern Wuchshöhe und schmalen, an der Unterseite stark behaarten Laubblättern liebt den Kalk, die Trockenheit und das Licht und klettert im Hochgebirge von 1.800 bis auf 3.000 Meter Höhe. Sie bringt einen wolligen, weiß-filzigen, zackigen Stern hervor, dessen 5 bis 15 Hochblätter weiß glänzen. Dieser blendend weiße Schimmer entsteht dadurch, dass hunderte kleiner Luftbläschen an dem krausen Haar die Sonnenstrahlen reflektieren. Die Hochblätter umschließen körbchenförmig die grau-weißen, knopfartigen Blütenköpfchen, von denen jedes viele kleine, gelbe Röhrenblüten beherbergt. Nach der Blütezeit zwischen Juli und September verbreiten sich die Früchte als Schirmchenflieger.

Seit dem Mittelalter wird das Edelweiß im Alpenraum als entzündungshemmende Heilpflanze, bekannt als „Bauchwehblume", verwendet; jetzt haben Forscher herausgefunden, dass seine Inhaltsstoffe sogar Alzheimer bekämpfen können.

Aus den Tränen einer Jungfrau soll das Edelweiß entstanden sein, heißt es in einer Sage. Faktum ist, dass der Name Edelweiß längst die Welt erobert hat und in unserer Bergheimat Symbol des Alpenvereins und der Bergrettung ist. Als die am meisten bedrohte Alpenblume ist sie im Land im Gebirge seit 1886 gänzlich geschützt und galt stets als Symbol für besonderen Mut.

Die größten Wanderer sind wohl die Blumen – ohne Rad, Auto, Bahn oder Flugzeug kommen sie auf der ganzen Welt herum.

Obwohl viele von ihnen bereits zu Symbolpflanzen der Alpen geworden sind, haben sie diesen Raum erst vor relativ kurzer Zeit erobert. Der Wechsel zwischen Eiszeiten und Wüstenklima spielt sich oft in nur wenigen Jahrtausenden ab, eine geologisch fast unbedeutende Zeitspanne. Ein Menschenleben jedoch ist zu kurz, um Veränderungen verlässlich wahrzunehmen. Diese Klimaschwankungen sind es, die unsere Pflanzen veranlassen, zu wandern und so für die Verteilung der Arten auf unserem Planeten zu sorgen.

Zu den markantesten Beispielen dieser Pflanzenwanderungen zählt unser Alpenstern, das Edelweiß, als alpines Wahrzeichen jedem bekannt. Es ist aus den zentralasiatischen Steppengebieten (Himalaya) in die Alpen gezogen. Aus dem Fernen Osten kamen Eisenhut, Akelei, Alpenrose und Enzian, während Krokus und Glockenblume aus dem Mittelmeergebiet stammen. Eine weite Reise haben Astern, Arnika, Trollblume, Kna-

benkraut, Heidel- und Preiselbeere hinter sich, die von Nordamerika aus über den asiatischen Kontinent die Alpen erreichten. Nicht zu vergessen die Pflanzen, die aus Skandinavien und den subarktischen Gebieten hergezogen sind, wie Silberwurz, Kohlröschen, Zwergweiden und Gletscher-Hahnenfuß. Bei uns in den Alpen haben Soldanelle und Rapunzel ihren Ursprung, also relativ wenige Arten.

Auf ihrer langen Reise webten die Blumen duftende Bänder zwischen uns Menschen in bunter Lebensfreude.

Entstehen und Vergehen

Das Eis war gewichen. Innerhalb weniger Jahrtausende nahm das Leben wieder Besitz vom befreiten Land. Samen flogen an, Tiere folgten und zu guter Letzt der Mensch, zuerst als Jäger und Sammler. Der Schritt zum sesshaften Siedler war eine logische Folge der wachsenden Bevölkerung. Im Gebirge und seinem Um-

Wilder Schnittlauch blüht unter den Zierspitzen

Sumpfkohldistel

land entstand ein Gefüge, geprägt von keltischen, etruskischen und rätischen Stämmen. Funde aus dieser Zeit sind spärlich, ebenso wie sprachliche Relikte. Um die Zeitenwende drang das Römische Reich nach Norden vor, das Goldene Zeitalter der Pax Romana begann. Soldaten, Händler und Beamte brachten eine neue Sprache in die Fülle von indogermanischen Dialekten. Es war nicht das Latein der römischen Hochkultur, vielmehr die Sprache der einfachen Menschen, ohne Schnörkel und grammatikalische Feinheiten. Das Volkslatein drang in die örtlichen Dialekte ein, durchmischte und dominierte sie, bis letztlich eine neue Sprache entstand, das Rätoromanische. Es war die Verkehrssprache in den Alpen und in ihrem Umfeld, gesprochen von Millionen, mündlich überliefert, doch nicht schriftlich festgehalten, dazu diente immer noch das Latein.

Im Sturm der Völkerwanderung zerbrach der schützende Schirm des Römischen Imperiums, die Welle von Eindringlingen überschwemmte Mittel- und Südeuropa und überlagerte viele der alten Strukturen.

Doch damit nicht genug; mit dem hochmittelalterlichen Siedlungsausbau kam abermals Druck und Verdrängung auf die Urbevölkerung zu. Die Einflüsse von Norden durch Bajuwaren reichten bis in die Dolomiten, von Süden kamen italische und von Osten slawische Zuwanderer. Sprache und Volk gingen in der Überzahl der Eindringlinge oft fast spurlos auf, nur wenige Orts- und Flurnamen blieben.

Doch nicht alle Rätoromanen wurden assimiliert. So wie in Graubünden und im Friaul, überdauerte eine Sprachinsel im Reich der Dolomiten. Das Überleben allerdings war hart. Die freie und unabhängige Gesinnung, die eigenartige Sprache, der trotzige Stolz, etwas Besonderes zu sein, war den feudalen Grundherren stets suspekt, und der Verdrängung in die entlegenen Täler folgte oft grausame Unterdrückung durch die neuen Fronherren. Nicht umsonst sind die frühen goldenen Zeiten, mit dem langdauernden Frieden und geprägt von Ordnung und Wohlstand, Teil des Sagenreichtums der Ladiner. Ein viel größerer Anteil an den Volkserzählungen aus grauer Vorzeit wird jedoch von blutigen Kämpfen, Grausamkeiten und Unglück eingenommen.

Die Zeiten der Verfolgung und Unterdrückung sind freilich vorbei. Das Schutzpaket für Südtirol von 1972 dient nicht nur der deutschsprachigen Bevölkerung, sondern ganz dezidiert auch den Ladinern, auch wenn ihr Anteil an der Gesamtbevölkerung sehr niedrig ist.

Möge es ihnen gegönnt sein, ihr unverkennbares Idiom weiter zu pflegen und zu erhalten und mit ihrer Eigenart ein bunter Tupfen auf der sonst so einheitlichen Karte der Völker und Kulturen zu bleiben.

Verschiedenblättrige Kratzdistel

Ins Tal der Alpensterne am Kolfuschger Höhenweg
(Naturpark Puez-Geisler)

Anfahrt auf der Brennerautobahn A22 bis Ausfahrt Klausen, durchs Grödnertal bis Wolkenstein, weiter zum Grödner Joch.

Ausgangspunkt ist das Dorf Kolfuschg zu Füßen des Grödner Joches. In der Nähe der Pfarrkirche gibt es ausreichend Parkplätze und von hier bis zur Edelweiß-Hütte sind es auf der Forststraße 4 gemütliche 20 Minuten. Oberhalb der Hütte beginnt der eigentliche Anstieg, ebenso auf Weg 4, ins Edelweißtal. Die Steigung ist beträchtlich, wird aber durch zahlreiche Serpentinen gemildert, und zudem verführt das überreiche Vorkommen von grauweißen Silbersternen immer wieder zum Stehenbleiben und Bewundern. Dass das Edelweiß der unbestrittene Star der Alpen ist, wird jeder Wanderer bestätigen.

Unzählige Geschichten ranken sich um die Blume mit dem Mythos des Unerreichbaren. Und tatsächlich hat schon manchen Bergsteiger ein tragisches Schicksal auf der Suche nach dem Weißen Stern getroffen. Manchmal allerdings hört man von Bergwiesen voller Edelweiß, und wohl jeder möchte sie erleben. Auf dieser Wanderung braucht man das Edelweiß nicht suchen, es begleitet auf weiten Teilen des Weges.

Bei einem Bildstöckl ist eine erste Verebnung erreicht, ein weiterer Anstieg bringt den Ciampatschsee, allerdings großteils verlandet, hinter der mächtigen Moräne zum Vorschein.

Der See bleibt unterhalb zurück, im weiten Kessel zwischen den Steilabstürzen des Sassongher und Ciampatsch steigen wir hinauf zum Cianpeijoch, von dort geht es rechts auf die Gardenaccia Hochfläche und zur Puez-Hütte, links tut sich die Hochfläche von Crespeina auf. Beide sind von Karst geprägt, doch der oft gebrauchte Vergleich mit einer Mondlandschaft hinkt.

In unzähligen Nischen hat sich ein wenig Humus angesammelt, und hier finden alle unsere geliebten Bergblümchen Platz, die uns den ganzen Sommer lang begleitet haben. Ihr schönstes Kleid haben sie nun schon abgelegt – da und dort noch ein kurzes Aufflammen, doch die Hauptaufgabe der Pflanzenzwerge ist es, im August ihre Samen zur Reife zu bringen und sie für das nächste Jahr auszusäen.

Auffallend sind hier die zahlreichen Quellen und naturnahen Bächlein, eine Folge der wasserstauenden Raibler Schichten, ebenso wie der wechselnd in Grün bis Türkis schimmernde Crespeina See. Vom See zum gleichnamigen Joch ist es nicht weit, ein letzter Anstieg und vom Joch aus liegt das wildromantische Chedultal zu Füßen.

Rechts die massiven Wände des Mont Desseura, links Rot- und Cirspitzen, im Tal selbst deutlich sichtbar Spuren der Eiszeit. Quer über Schutthalden, fast eben, nähert sich der Steig dem Cirjoch, das Braun-Grau des Hangschuttes wird aufgelockert durch die strahlend gelben Blüten des zähen und doch so zarten Alpenmohns.

Vom Cirjoch erfolgt der Abstieg durch die Spitzen und Wände oberhalb von Jimmy´s Hütte, einer beliebten Einkehr am Grödner Joch, mit den massigen Klötzen des Sellastockes und dem Langkofel als unwiderstehliche Blickfänge.

Weg 2 zieht nun in langen Schwüngen an der Liftstation vorbei in Richtung Edelweiß-Hütte. Der abwechslungsreiche Abstieg durchquert sumpfige Wiesen und passiert kleine Lacken. Auf den nunmehr schon gemähten Wiesen, die im Bergsommer zu den schönsten Südtirols gehören, ist jede Blume auf ihre ganz besondere Art eine Schönheit. Wenn jetzt im August alle Arten von Disteln aus ihrem Dornröschenschlaf erwachen und die Körbchenblüten in allen Lila- und Gelbtönen zu blühen beginnen, wird der Schönheitswettbewerb unter ihnen ohne Siegerin bleiben. Hochgewachsen und elegant streben sie auf langen, schlanken Stielen und dornigem Blattwerk dem Himmel entgegen – mit Ausnahme der Silberdistel, die ihre Blütensterne am Boden ausbreitet. Die Stacheln haben sich als praktisch erwiesen, denn die Pflanzen werden deshalb vom Weidevieh gemieden und können in Ruhe ausreifen. Nach den ersten Frösten stehen die Disteln starr und steif in der Landschaft, die Samen fliegen im Wind mit ihren Federhaaren davon und die Vögel freuen sich über die ölhaltigen Kerne. Das schmale Wiesenweglein führt durch sanfte Buckel und Felssturzgelän-

START: Kolfuschg (1.640 m)

KURZFASSUNG: Kolfuschg, Edelweiß-Hütte, Cianpeijoch, Crespeinajoch, Cirjoch, Jimmy´s Hütte, Edelweiß-Hütte, Kolfuschg

HÖCHSTE WEGSTELLE: Crespeinajoch (2.528 m)

HÖHENUNTERSCHIED: 1.100 m

REINE GEHZEIT: 5 Stunden

SCHWIERIGKEIT: ❀ ❀ ❀

TOURISMUS-INFO: 0039/471/836145

TIPP: Herrliche Auswahl an Kuchen bei Jimmy´s Hütte

Wer überdimensionierte Edelweiß-sterne sehen will, geht auf den Pflerer Tribulaun bei Gossensass

de, durchwachsen mit Zirben, Lärchen und Wacholder, stets unterhalb der imposanten Cir- und Rotspitzen, vorbei an der im Sommer nicht bewirtschafteten Forcelles-Hütte, schließlich auf einem Fahrweg zurück zur Edelweiß-Hütte und dem Ausgangspunkt.

Mit Wind, Schnee und Eis im Bunde

29

Gletscher-Hahnenfuß

Ranunculus glacialis
Familie: Hahnenfußgewächse
(Ranunculaceae)

Das zarte, weiße Blümchen inmitten von Stein, Geröll, Schnee und Eis ist ein bewundernswerter Überlebenskünstler in seiner oft lebensfeindlichen Umgebung.

Der Gletscher-Hahnenfuß ist eine überaus ausdauernde, krautige, mehrjährige Pflanze von 5 bis 20 Zentimetern Wuchshöhe. Sein Revier sind Gletschervorfelder, Moränen, kalkarmer Schutt und nackter Fels in extremen Höhenlagen. Er steigt in den Zentralalpen, Pyrenäen, Karpaten und der Arktis von 2.300 bis 4.200 Meter. Der Wurzelstock ist knollig verdickt, die fleischigen, schwarz-grün glänzenden Blätter sind dreiteilig. Am dicken, roten Stiel sitzt eine Einzelblüte von bis zu drei Zentimetern Durchmesser mit goldenen Staubgefäßen, die von fünf dichtbehaarten, dunkelbraunen Kelchblättern umschlossen ist. Zur Blütezeit bringt der Gletscher-Hahnenfuß Farbe ins felsstarrende Hochgebirge. Seine Kronblätter strahlen in allen Tönen – vom reinsten Schneeweiß beim Aufblühen über zartes Rosa bis zum dunkelsten Rosenrot.

In der botanischen Wissenschaft als Pionierpflanze auf frischen Moränen, in Fels- und Schuttflur bekannt, wurde seine Widerstandsfähigkeit im Ötztal am Nebelkogel bestätigt.

Gletscher-Hahnenfuß

Dort überlebte der Gletscher-Hahnenfuß eine Schneebedeckung von 33 Monaten Dauer.

Wer aus den Tälern in die Höhe steigt, gelangt vom üppigen Grün durch mehrere Vegetationszonen zum bloßen Fels des ewigen Eises – aus fruchtbarer Kulturlandschaft in scheinbar leblose Regionen. Gerade dort wohnt der **Gletscher-Hahnenfuß** als König der Nivalpflanzen und kleines Wunder der Natur.

Eisig, sturmgepeitscht, von Gewitterregen überflutet. Unter dem Schnee begraben, dann wieder unbarmherzig von der Sonne durchglüht, mit eisernem Willen zu wachsen.

Da fragt man sich doch, wie ein so zartes Pflänzchen dieses Wechselbad aushält und trotzdem überlebt, um jedes Jahr wieder zu blühen!

Botaniker standen lange vor einem Rätsel, denn anscheinend kommt diese Pflanze ohne jede Anpassung an ihren extremen Lebensraum aus. Die Blüten sind nicht an den Boden gedrückt – sie ragen in den Himmel –, die Blätter ohne dichte Behaarung, der Wuchs nicht polsterartig. Der Gletscher-Hahnenfuß hat seine eigene Strategie entwickelt, die an ein kleines Wunder grenzt! Im unwirtlichen Großklima setzt er sich in Nischen mit für ihn idealem Mikroklima und verlässt sich auf seine unterirdischen Speicherorgane. Bereits im Herbst werden im Erdstamm die neuen Blüten und Blätter für den nächsten Sommer vorbereitet, sodass sie bei günstigen Bedingungen sofort austreiben und blühen und schon nach 30 Tagen fruchten können. Ist der Sommer schlecht, können bereits vorhandene Knospen wieder ab-

gebaut, die Energieträger aus den Blättern in die Wurzel zurückverlagert werden.

Eine der fantastischen Leistungen der Natur, die menschliche Errungenschaften klein erscheinen lässt und deren Reiz sich nie verbraucht.

Was heißt schon ewig

König Ortler und seine Begleiter ragen stolz zum Himmel. Ein dicker Panzer aus Eis scheint sie zu schützen. So war es immer schon und so wird es bleiben.

Doch ganz so einfach ist es nicht. Das Leben eines Gletschers unterliegt einem sehr empfindlichen Gleichgewicht. Entstehen kann er in gemäßigten Breiten nur im Hochgebirge. Ein guter Teil muss über der Schneegrenze liegen, also jahrein, jahraus mit ausreichend Niederschlag in fester Form versorgt werden. Dass der Schnee immer wieder auftaut, verduns-

Mahnmal aus dem Ersten Weltkrieg

tet, oder auch von Regen durchtränkt wird, ist nur nützlich. Im Wechselspiel von warm und kalt wird aus den leichten Schneekristallen der abgerundete Firn, aus diesem schließlich das Gletschereis.

Wenn Nährgebiet und Relief zusammenspielen, können beträchtliche Mengen von festem, sprödem Eis entstehen. Doch der vermeintlich starre Panzer ist in Wirklichkeit erstaunlich plastisch. Durch den Druck des Gewichtes entsteht ein Wasserfilm, wo der Untergrund berührt wird, Eiskristalle bilden Schichten, die Schwerkraft tut das ihre dazu.

Die Masse beginnt zu fließen. Augenscheinlich zwar nicht spürbar, aber gut zu messen. Und wenn dann etwa ein hoch oben verlorener Pickel oder auch ein verunglückter Bergsteiger nach Jahrzehnten weit unten zum Vorschein kommt, dann weiß man, der Gletscher fließt. Diese Fließvorgänge erfolgen je nach Lage unterschiedlich schnell, durch Zerrung und Spannung entstehen die charakteristischen Gletscherspalten.

Schutt entsteht vermehrt im Bereich zwischen frostigem Eis und den der Temperaturverwitterung ausgesetzten Bergflanken. Zum Teil schützt er die Ferner vor dem Abtauen, letztlich aber begleitet er die wandernde Eismasse beim Fließen. Dass unsere Alpentäler in den Eiszeiten trogförmig ausgeräumt wurden, verdanken wir den Gletschern und ihrem kantigen Hobel, dem Moränenmaterial.

Als Endmoränen stauten sie Seen auf, als Seitenmoränen dienen sie bei der Anlage von Bergwegen, so die bekannte 1850er Moräne. Diese ist ein Relikt des letzten Gletschervorstoßes in den Alpen und daher meist gut zu erkennen. Seither

freilich war eher wenig Wachstum festzustellen, im Gegenteil, unsere Gletscher schrumpfen zusehends.

Dass ein Zusammenhang mit einer durch den Menschen verursachten Klimaerwärmung besteht, scheint nach unserem Wissensstand wahrscheinlich. Doch Klimaschwankungen gab es schon immer, Eiszeiten wechselten mit Warm- und Gunstzeiten. Wo im Mittelalter Stollen in Berge geschlagen wurden, lag später Eis, heute apern sie wieder aus.

Und Gletschervorfelder, die vor wenigen Jahrzehnten noch eisbedeckt waren, geben einen Blick auf lange verdeckten Untergrund frei und zeigen im Vorfeld einen faszinierenden Formenschatz von Gletscherschliffen und Rundbuckeln.

Zu den wetterfesten Kraxlern am Stilfser Joch
(Nationalpark Stilfser Joch)

Anfahrt auf der Vinschgauer Landesstraße 40 beziehungsweise 38 bis Spondinig, über Prad ins Trafoiertal, Richtung Stilfser Joch, bis Trafoi, Parkplatz im Ortszentrum, Bushaltestelle beim Hotel Post.

Wer über den Reschenpass anfährt, durchquert nach den beiden Pass-Seen ein geomorphologisches Phänomen. Die Malser Heide liegt auf dem größten Murkegel der Alpen und ist Grundlage für die seit alters her betriebene und geschätzte Grünlandwirtschaft des Obervinschgau.

Das Tal des Suldenbaches beginnt recht zahm, doch alsbald vermittelt schon die schmale, kurvige Straße einen Vorgeschmack auf das Kommende. Der Linienbus von Trafoi zum Stilfser Joch erklimmt

Gelbe Hauswurz

Moossteinbrech

nämlich eine Passstraße mit über 40 scharfen Kehren in atemberaubender Präzision, im Spannungsfeld zwischen der Eis- und Schotterwelt der unnahbar wirkenden Ortlergruppe und den blumenübersäten steilen Hängen zu beiden Seiten der Straße. Ins Auge stechen die Hochstauden des blau-violetten Eisenhutes und die seltenen Gelben Hauswurzen mit ihren dickfleischigen, seegrünen Blattrosetten und dichtblütigem, goldgelbem Blütenstand.

Die Fahrt vergeht wie im Flug. Am Stilfser Joch herrscht buntes Treiben, der Naturliebhaber lässt es rasch hinter sich.

Weg 20 beginnt unmittelbar bei der Haltestelle mit einem kurzen, steilen Anstieg, und bei der Dreisprachenspitze ist auch schon der höchste Punkt der Wanderung erreicht. Im Norden liegt unten das Schweizerische und Südtiroler Münstertal („Val Munstair" auf Rätisch), gegen Osten das italienische Veltlin mit dem Hauptort Bormio, dem Namensge-

ber unseres Wormisonssteiges, einem alten Saumweg. Den Ortler und seine Nachbarn wie Monte Zebru und all die Dreitausender haben wir die ganze Wanderung gegenüber, jetzt ist es Zeit, den Blick nach unten zu wenden.

Vor allem links des Weges werden wir fündig. Hier sind es vor allem die Fels- und Gipfelpflanzen, die den Ton angeben. Ein solch überreiches Vorkommen an Gletscher-Hahnenfuß wird man nicht leicht woanders finden, und all die Farben, die ihm zur Verfügung stehen, bietet er auf. Es leuchtet schneeweiß, spielt mit Schattierungen von Rosa und Purpurrot, gelbe Blütenstände im Zentrum, die dunkelgrünen, fleischigen Blätter im Untergrund. Auf dichten moosgrünen Polstern quellen die besonders reizvollen, weißgelblichen Strahlenblüten des Moossteinbrech hervor und vermitteln Anmut und Grazie – filigrane Naturschönheiten gegenüber dem Gletscher.

Ganz anders steht Krainers Greiskraut in der öden Landschaft. Stabile, leuchtend gelbe Körbchenblüten, umgeben von silbergrau-filzigen Blättern, strahlen mit der Sonne um die Wette und lassen sich vom Höhenwind nicht irritieren.

Sehr angepasst an die Umgebung wirkt die Kratzdistel und kommt eigentlich als Blattschmuckpflanze am besten zur Geltung. Mit ihrem lindgrünen, nach oben hin gelblich verlaufenden, starren, stacheligen Gewand umschließt sie die gelblichweißen Blüten an der Stängelspitze und trotzt jeglichen Wetterkapriolen.

Vorbei geht es nun immer wieder an Befestigungen und Stellungen, die an die tragischen und verderblichen Ereignisse im Ersten Weltkrieg erinnern.

Der Steig lehnt sich eng an die steilen Hänge, unten liegt die euphorisch „Goldsee" genannte Lacke. Teils eben, dann wieder sanft absteigend, durchwandern wir die Hänge des Fallatschkammes, bald durch Schutthalden und Felsbrocken, dann wieder über magere, grasige Wiesen, begleitet vom Böhmischen Enzian in zartviolettem Blütenflor, der strammen Roten Hauswurz, Traubensteinbrech, einköpfigem Berufskraut und Augentrost.

Die Ötztaler Alpen, mit Weißkugel und Similaun, geben nun den Hintergrund für den fruchtbaren Talboden des Vinschgau. Schutzbauten erzählen von schneereichen Wintern, Abgängen von verheerenden Lawinen und bitterer Not.

Das Alm- und Skigebiet der Furkel-Hütte liegt nun vor uns, vorerst dominieren Sträucher wie Rauschbeere, Wacholder, die Rost-Alpenrose, dazwischen baumeln die blau-violetten Glockenblumen an ihren langen Stielen – ein wahres Leuchtwunder von Juli bis in den September hinein. Vereinzelte Zirben und Lärchen schließen sich bald zum Wald zusammen, in Kürze ist die einladende Hütte erreicht. Nach der bequemen Fahrt mit dem Sessellift erreichen wir den Ausgangspunkt.

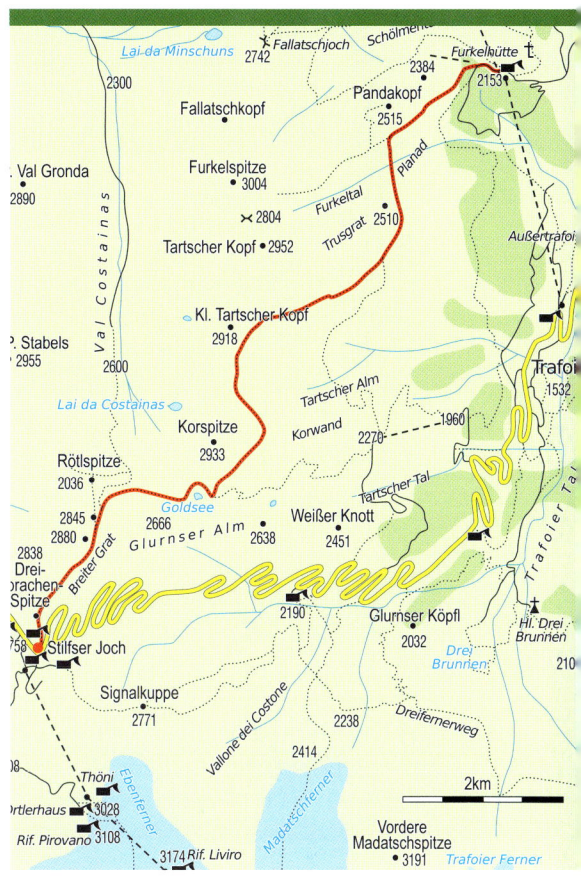

START: Stilfser Joch (2.757 m)

KURZFASSUNG: Bushaltestelle beim Hotel Post, Stilfser Joch, Dreisprachenspitze, Furkel-Hütte, Talstation Sessellift

HÖCHSTE WEGSTELLE: Dreisprachenspitze (2.843 m)

HÖHENUNTERSCHIED: 690 m (Abstieg!)

REINE GEHZEIT: 4 Stunden

SCHWIERIGKEIT: ❀ ❀ ❀

TOURISMUS-INFO: 0039/473/613015

TIPP: Besuch des extrem kleinen, mittelalterlichen, landwirtschaftlich geprägten Städtchens Glurns

Marillenkulturen in Schlanders

Mächtig, stolz und hochgewachsen

Blauer Eisenhut

Sturmhut

Aconitum Napellus
Familie: Hahnenfußgewächse
(Ranunculaceae)

Der botanische Name des Blauen Eisenhutes, auch „Sturmhut" genannt, ist *Aconitum napellus*. Er gehört zur Gattung der Hahnenfußgewächse und ist eine der giftigsten Pflanzen im Alpenraum – schon ein gegessenes Blatt kann tödlich sein. Im Altertum präparierte man Pfeil- und Speerspitzen mit dem Gift des Eisenhutes. Seine Opfer findet man schon bei den alten Römern, Kaiser Claudius war angeblich eines der prominentesten, und bei den Borgias gehörte die tödliche Prise Eisenhut fast schon in die übliche Gewürzmischung für Freund und Feind.

Aus einer rübenförmigen Wurzelknolle treibt die mehrjährige Staude einen Blütenstiel von bis zu 150 Zentimetern Höhe mit tief geschlitzten, fünf- bis siebenlappigen Blättern. In einem intensiven Tiefblau-Violett leuchten die helmartigen, halbkugelförmigen Blüten, die in Rispen stehen und vorwiegend von Hummeln bestäubt werden, da diese die einzigen Insekten sind, die mit ihrem langen Rüssel an den Nektar gelangen können. Die Pflanze kommt in den feuchten, nährstoffreichen Almgebieten der mitteleuropäischen Gebirgszüge, aber auch auf Quellböden der Karfluren, wie hier ent-

Blauer Eisenhut

lang des Gletscherpfades, vor. Ihre Blütezeit ist Juni bis September.

In der Homöopathie wird Aconitum vorwiegend als Grippemittel und bei Erkältungskrankheiten eingesetzt. Die Krankheit kommt und geht wie im Sturm.

Das bekannte Blitzmittel: Nimmt man eine Gabe Aconitum D30, sobald der Verdacht auf eine Erkältung gegeben ist – also noch vor Ausbruch der Krankheit –, bleibt diese aus.

Auf der Ursprungalm begegnen wir dem Almerer mit seinem Sohn. Sie sind damit beschäftigt, die Wurzelknollen des Eisenhutes auszugraben. Verblüfft fragen wir sie, warum sie das wohl tun! „Voriges Jahr haben wir ein Kalb verloren, nachdem es das satte Grün der Eisenhutblätter, von denen es hier oben mehr gibt als Gras, gefressen hat."

An dieser Stelle möchte ich auf die Gefährlichkeit der vielen Giftpflanzen in der Natur aufmerksam machen und warnen.

Fast schon magisch werden Kinder von der Schönheit dieser Gewächse angezogen, und die Verlockung, bunte Beeren zu naschen, ist groß. Der beste Selbstschutz ist das genaue Erkennen der Pflanzen und ihrer Wirkungen. Unsere Zeit liegt im Trend des Sammelns. Seien es Blätter, Blüten, Früchte, Beeren oder Samen, alles, was die Natur bietet, scheint essbar zu sein. Natürlich mischen sich giftige unter gesunde Pflänzchen und nur das botanisch geschulte Auge kennt sie auseinander.

Giftpflanzen sind aber auch Heilpflanzen. Viele von ihnen enthalten Alkaloide, also sehr stark wirkende Stoffe, die von der Industrie zu Heilmitteln verarbeitet werden und für Ärzte unentbehrlich geworden sind. Zu ihnen zählt Atropin, das Gift der Tollkirsche, Morphin, das Gift des Schlafmohns, Colchizin, das Gift der Herbstzeitlosen, und schließlich Aconitin, das Gift des **Eisenhutes**, um nur einige zu nennen.

Die Arbeit ohne Ende

Der Arthur-Hartdegen-Weg (Nr. 8) ist einer der schönsten und lohnendsten im Alpenraum. Angeregt und finanziert wurde er von seinem Namensgeber, geplant und gebaut vom Alpenverein Anfang des 19. Jahrhunderts. Doch aus dem Nichts geschaffen wurde er von Wegmachern, und diese sind es auch, die ihn in seiner Prächtigkeit und sicheren Führung erhalten.

Wenn Straßen und Wege der Blutkreislauf der Alpen sind, dann stehen die Wanderwege und -pfade für die Nervenbahnen, an ihrem Ende Rastplätze, Bankerl oder auch Berghütten.

Relikte aus der Eiszeit

Fetthennensteinbrech

„Wegmacher kannst nicht lernen, das musst du sein", meint einer, der es wissen muss. Ein 64-jähriger mit blauem Schurz, brauner Joppe, grauem Filzhut auf weißem Haupt, darunter hellblaue, strahlende Augen, eingerahmt von feinen Fältchen. Seit Jahrzehnten ein wahrer Kunsthandwerker der Wege und nicht zuletzt ihrer Beschilderung. Der Abschied von seiner Tätigkeit wird ihm schwerfallen, doch noch ist es lange nicht soweit.

Dass das, was wir zu unseren Füßen kaum beachten, Ergebnis von harter und schwieriger Arbeit ist, bedenken wir auf dem Weg zur Hütte oder zum Gipfel nur allzu selten.

Wer hat die Route festgelegt? War es ein Hirte aus vergangenen Jahrhunderten, vielleicht ein frühgeschichtlicher Forscher und Geologe, ein Jäger oder ein Krieger, eine Sammlerin oder das Wild, das einem Instinkt folgend, die günstigste Wegvariante wählte.

Wie auch immer, dem Wanderer unserer Tage wäre das ursprünglich schmale Steiglein zu beschwerlich und gefährlich noch dazu. Doch wozu gibt es Wegmacher?

Die Arbeit ist schwer, und Gefahren lauern, denn oft verbünden sich die Unbilden der Witterung mit der Unnahbarkeit des Geländes.

Wie viele alte Wurzeln werden entfernt, Steine und Felsbrocken herausgebrochen, Rinnen zur Ausleitung von Niederschlägen eingebaut, Treppenstufen errichtet, prekäre Wegstellen gepflastert, ausgesetzte Wegstellen versichert und befestigt?

Geduldige Maultiere helfen beim Transport, wo es möglich ist. Doch die Kraxe aus früheren Zeiten dient oft immer noch als Transportmittel, und auch der moderne Funktionsrucksack ist selten unter 20 Kilo schwer.

Wenn auch heute der Akkubohrer in Minuten erledigt, was vor gar nicht so langer Zeit mit dem händischen Steinbohrer Stunden verschlang, leicht ist die Arbeit nie.

Und wenn die Wandersaison mit dem Winterbeginn endet, weiß der moderne Sisyphos schon, was im Frühjahr auf ihn wartet.

Schneebretter und Lawinen, Muren oder Erdrutsche, auch Felsstürze haben ihr zerstörerisches Werk getan. Doch mit gutem Mut geht der Wegmacher daran, die alpinen Wege und Steige wieder für uns sicher zu machen.

Die Blaublütler im Tauferertal
(Naturpark Rieserfernergruppe)

Anfahrt auf der Pustertaler Straße 49/E66 bis Bruneck, Beschilderung Ahrntal bis Sand in Taufers, im Zentrum über die Brücke ins Reintal bis Rein in Taufers, parken beim Sportplatz.

Steinerne Stiegen zur Kassler Hütte

Meisterwurz

Das Pustertal trennt Süd- und Zentralalpen. Auf die Letzteren fahren wir bei der Anreise durch das Tauferertal zu, und mit der Rieserfernergruppe stehen stolz ihre bedeutendsten südlichen Spitzen vor uns. Nicht so mächtig wie Zillertaler Alpen und Venedigergruppe, daher auch die Bildung des Hängetales im Reintal und der damit verbundene Höhenunterschied von 600 Metern zwischen Sand in Taufers und Rein.

Beim Parkplatz neben dem Sportzentrum beginnt die Wanderung in das Tal der Bäche. Der Anstieg gleich nach der Brücke ist gut markiert (Weg 1) und lässt in angenehmer Steigung rasch Höhenmeter gewinnen. Der Fichtenwald wird zusehends von Lärchen durchsetzt, ihre Wurzeln durchwachsen den breiten Wanderweg, steile Strecken sind meist in der typisch Südtiroler Steinplattentechnik befestigt.

Zahlreiche schmale Bächlein queren, im feuchten Boden treten nun die imposanten Hochstauden auf, die im August ihre volle Blütenpracht zeigen. Die kleinen weißen Blüten der Meisterwurz sitzen in reichblütigen, großen Dolden auf bis zu meterhohen Stielen, sehen sehr dekorativ

aus und gelten in der Kräuterkunde als große Heilpflanzen. Der Schmuckstein jedoch ist das ungewöhnliche Azurblau des Eisenhuts, der mit prallen, helmartigen Blüten zusammen mit den altrosa Körbchenblüten des Alpendostes spannende Kontraste in die Grünschattierungen von Himbeeren, Adlerfarnen und Rost-Alpenrosen, dem Unterwuchs des Hochwaldes, setzt. Besonders auffällig sind die zahlreichen Alpenrosenäpfelchen, wunderliche, gelb-rundliche Gebilde, die an den Zweigen der Almrosenstauden sitzen. Es sind Gallen, die von einem Pilz erzeugt werden. Da und dort leuchten noch violette Blüten des Storchschnabels auf, der seine Hochblüte längst hinter sich hat. Seine Samenstände sind lustig, sie erinnern tatsächlich an Storchenschnäbel.

Immer mehr fällt die knorrige Zirbe auf, bald wird sie die Waldgrenze und mit einzelnen Lärchen die Baumgrenze markieren. Moos- und Rauschbeeren mi-

Besenheide

Einblütiges Hornkraut

schen sich unter den Alpenrosenflor und bedecken die Matten, mit abnehmendem Bewuchs tritt umso markanter der weite Kessel zu Füßen der Rieserferngruppe und des Lenksteinkammes hervor. An den tausenden Wässerlein, die zu Tal fließen, siedeln dichte, gelbe, manchmal auch orange blühende Polster des Fetthennensteinbrechs mit dicken, fleischigen Blättern und lebhaften Strahlenblüten. Die Kasseler-Hütte ist über perfekte Stufen rasch erreicht, hinter ihr steht mit dem Felsbuckel des Tristennöckl ein auch während der Eiszeit herausragender, sogenannter Nunataker, der heute den Zirben in so großer Höhe das Überleben ermöglicht.

Bis zur Hütte reichte der ewige Schnee beim letzten Hochstand der Vereisung in der zweiten Hälfte des 19. Jahrhunderts, auf den Spuren des Gletscherrückgangs führt uns nun Weg 8. Droben ragen die Spitzen aus Tonalit hoch empor, zu Seiten

der Gipfel von Schneebiger Nock, Hochgall und Lenkstein liegen gleißend die Firn- und Eisfelder der sie umgebenden Ferner. Unterhalb hat das schwindende Eis Verwitterung ermöglicht, titanische Felsen türmen sich in steil abfallenden Blockhalden, Moränen wohin das Auge reicht, Gletscherbäche plätschern über großflächige Gletscherschliffe, darauf liegen vereinzelt Findlinge. In diesen Grenzbereichen des Lebens siedeln die unzähligen weißen Sterne der schwarzen Wucherblume und die gelben der Gämswurz. Schafgarbe, einköpfiges Berufskraut und Glockenblumen geben der Steinwüste etwas Farbe. Blitzweiß, wie frisch gewaschen, schauen uns die großen weißen Kelche des Einblütigen Hornkrautes an und vermitteln das Gefühl von Leichtigkeit und Freiheit.

Der Weg ist nicht zu verfehlen, die Markierungen und Steinmandln sind deutlich zu sehen, hin und wieder hilft eine schmale Brücke weiter.

Die Treppen der Giganten umrunden leicht ansteigend den Riesernock, ein paar Meter sind mit Stahlseilen versichert, bald darauf kommt der Abstieg

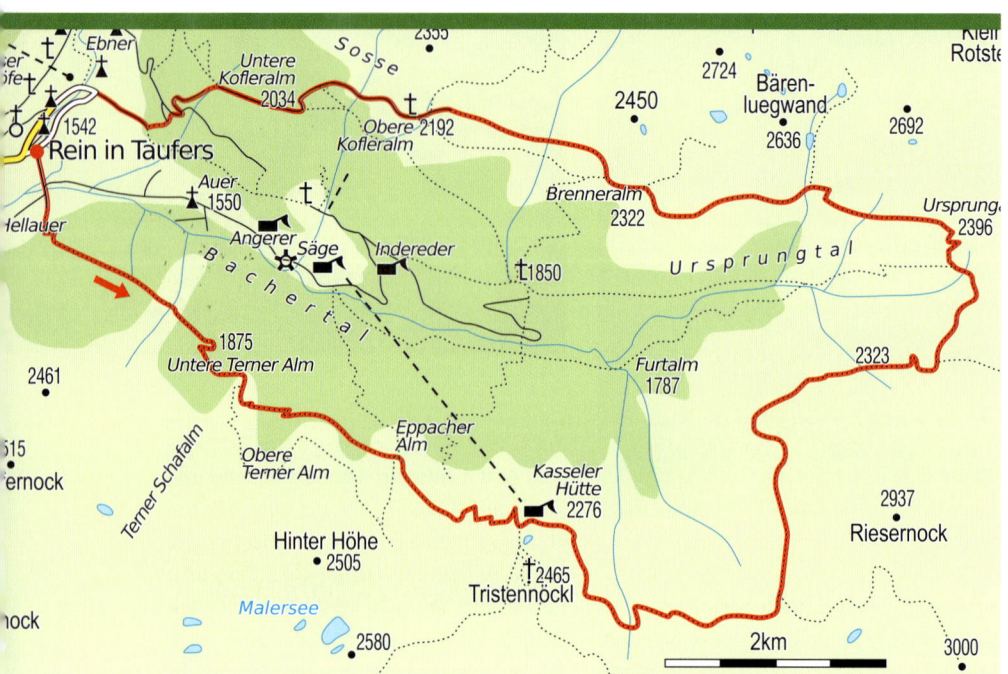

ins Ursprungtal. Hier liegen Lacken und Felsbrocken, und die weißen Schöpfe des Scheuchzer Wollgrases säumen die Ufer an geschliffenen Rundbuckeln. An der Gabelung nehmen wir Weg 8a.

Der Ursprungbach ist nicht zu überhören, vom Kar unter dem Lenkstein gischtet und tost es, mit zunehmendem Tagesverlauf milchiger werdend, zu Tal.

Die Almböden von Ursprungalm bis Unterer und Oberer Kofleralm erlauben ein gemütliches Schlendern durch ein Meer von Besenheide, einem urgesteinsliebenden Zierstrauch, der seine Blütenpracht in allen Rosatönen im August entfaltet und uns über weite Strecken des Weges begleitet. Die prachtvollen Hochstauden des Eisenhutes ziehen immer wieder die Blicke auf sich.

START: Parkplatz Rein (1.542 m)

KURZFASSUNG: Rein, Kasseler-Hütte, Ursprungalm, Obere- und Untere Kofleralm, Rein

HÖCHSTE WEGSTELLE: Ursprungalm (2.400 m)

HÖHENUNTERSCHIED: 1.150 m

REINE GEHZEIT: 7 Stunden

SCHWIERIGKEIT: ❀ ❀ ❀

TOURISMUS-INFO: 0039/474/678076

TIPP: Naturparkhaus Sand in Taufers

Bei der Unteren Kofleralm zeigt Wegweiser 8a hinunter nach Rein, ein etwas steiler und ermüdender Abstieg bringt uns zurück ins Tal. Ein Fußbad im kalten Bach in der Nähe des Parkplatzes erfrischt im Nu.

Die einst so grünen Matten wirken müde

Silberdistel

Eberwurz, Wetterdistel, Silbersonne
Carlina acaulis
Familie: Korbblütengewächse
(Asteraceae)

Schon die vielen Namen, die sich die Menschen für diese Pflanze ausgedacht haben, lassen ihre weite Verbreitung erkennen. Besonders gut gedeiht die Silberdistel auf sonnigen, trockenen Weiden und Magerwiesen mit geringer Humusauflage in Kalkgebieten. Ihre stachelige Blattrosette mit gezähnten, distelartigen, vier bis acht Zentimeter breiten Blättern liegt dicht am Boden. Andere Pflanzen tun sich schwer, in diesem Umkreis aufzukommen.

Silberdistel

Spät im Jahr, von August bis September, entfaltet sie ihre Blüte am einköpfigen Stängel, die einen Kranz aus silbrig-weißen Blättern trägt. Diese umgeben das Blütenkörbchen mit vielen weißen bis rötlichen Röhrenblüten, in geometrischer Regelmäßigkeit angeordnet. Die Kraft für die bis zu 13 Zentimeter großen Blüten kommt aus einer fast ein Meter tiefen Pfahlwurzel. Bei trübem Wetter schließt die Silberdistel ihre glänzenden Sterne, um sie bei hellem Sonnenschein – es genügt auch oftmaliges Anhauchen, um eine Bewegung festzustellen – wieder zu öffnen, deshalb der Name Wetterdistel.

Die Verbreitung erfolgt durch kleine Schirmchenflieger mit dem Wind, aber auch durch Vögel und die Hufe der Tiere werden die Samen verstreut.

Bevor der Schnee auf die Almböden fällt, liegen überall die losgelösten Korbböden der Silberdistel herum. Vergoldet sehen sie in weihnachtlichen Gestecken sehr attraktiv aus.

Haben Sie schon einmal ein Sonnenblumenfeld beobachtet? Die jungen Blumenköpfchen schauen alle in Richtung Sonnenaufgang, also gegen Osten, um den ersten Strahl zu erhaschen. Das ganze Feld folgt dem Tagesgang der Sonne, und tausende Blumengesichter blicken in dieselbe Richtung. Ältere Pflanzen bewegen sich nicht mehr, sie schauen alle Richtung Sonnenaufgang.

Die **Silberdistel** verhält sich ähnlich. Ist der Himmel trüb und Regen in Sicht, hält

Haben Sie schon einmal ein Sonnenblumenfeld beobachtet? Die jungen Blumenköpfchen schauen alle in Richtung Sonnenaufgang, also gegen Osten, um den ersten Strahl zu erhaschen. Das ganze Feld folgt dem Tagesgang der Sonne, und tausende Blumengesichter blicken in dieselbe Richtung. Ältere Pflanzen bewegen sich nicht mehr, sie schauen alle Richtung Sonnenaufgang.

Die **Silberdistel** verhält sich ähnlich. Ist der Himmel trüb und Regen in Sicht, hält sie ihre Blütenkörbchen fest geschlossen.

Genussvolle Einkehr

Die Hüllblätter legen sich darüber und ein optimaler Schutz gegen Kälte und Nässe ist geboten. Auch Insekten fühlen sich in diesem Haus wohl, und ist das Wetter wieder schön, öffnet die Distel ihr Körbchen.

„Fotorezeptoren" werden diese Sinnesorgane der Pflanzen genannt, die Informationen aus der Wellenlänge des Lichts, der Lichtintensität, der Lichtrichtung und der Dauer der Einstrahlung messen können. Diese Sonnenstandmesser der Natur helfen den Pflanzen, sich den Gegebenheiten optimal anzupassen.

Die kulinarische Verführung des Einfachen

Der Weg war lang, der Himmel blau, die Sonne heiß. Im Herzen tragen wir leuchtende Bilder, doch etwas fehlt. Wie gut, dass Südtirol mit einladenden Berghütten reich gesegnet ist. Das Haus ist schlicht, braungebranntes Holz strahlt heimelige Wärme aus, die Bank vor der Hütte lädt zum Sitzen ein.

Ein Blick in die Runde ersetzt die Speisekarte. Die Gerstensuppe scheint gut

zu schmecken, und die prallen, runden Speckknödel werden mit Gusto attackiert. Wie ein Schatz von Granaten leuchten die Kaminwurzen neben dem rubinroten Sarntaler Speck mit seinem kernig-weißen Rand, eine Brise von Schüttelbrot umschmeichelt die neugierigen Nasen, alle Sinne werden vom federleichten Kaiserschmarren gekitzelt, leuchtend gelb, überzuckert gleich dem Ferner über uns, das Kompott aus Granggln, die ideale herb-süße Ergänzung. Der Rötl dazu kommt aus dem Etschtal, von Trauben, die der Zauber des Südens berührt hat.

Freilich gibt es noch vieles andere, doch wie so oft zeigt die Erfahrung, dass im Einfachen, Traditionellen wahre Schätze und eben auch Köstlichkeiten verborgen sind.

Die Bäuerin aus vergangenen Tagen hatte nicht unsere Sorgen, wenig Zeit und Geld, keine große Auswahl für ihre Küche.

Was auf den Tisch kam, musste zum Großteil auf dem eigenen Hof vorhanden sein, es sollte schmecken und den Hunger nachhaltig stillen. Luxus war ein Fremdwort.

Was lag also näher, als die anderswo gering geschätzte Gerste zum Hauptbestandteil eines Gerichtes zu machen. Die Suppe kann länger auf dem Herd stehen bleiben, dadurch bekommt sie erst die sämige Konsistenz, feinen Geschmack bringen Karotten und Zwiebeln, deftige Würze das Geselchte, wohl nur an Feiertagen, doch auch dann eher sparsam verwendet. Auch die beim Törggelen so hoch geschätzten Keschtn (Edelkastanie) waren reichlich vorhanden und als Brot der Armen bekannt.

Wenn geschlachtet wurde, dann war das ein Fest. Doch nur ein geringer Teil wurde gleich gekocht und gegessen. Als Vorrat diente das ausgelassene Schmalz und natürlich alles Geselchte und Luftgetrocknete, in glücklicher Symbiose zwischen dem Nordtiroler Verwandten und dem italienischen Rohschinken. Natürlich ist er der ideale Geschmacksverstärker,

im wichtigsten Repräsentanten der Tiroler Küche, dem Speckknödel, dieser deftigen und doch flaumigen Kreation, die nicht nur mit der Suppe, sondern auch mit pikantem Krautsalat wundersam harmoniert.

Das Auge schweift suchend umher, der Bauch knurrt fordernd, doch Erlösung naht, „Wos derf i enk bringen?", perlt es von den Lippen unserer freundlichen Kellnerin.

Silberglanz am Adolf-Munkel-Weg
(Naturpark Puez-Geisler)

Anreise auf der Brennerautobahn A22 bis Knoten Klausen, Abfahrt Villnöss, Beschilderung zur Zanser Alm.

Die Parkplätze bei der Zanser Alm fassen schon 100 bis 200 Autos, doch bei unserer Ankunft sind sie noch ziemlich leer. Draußen im Tal scheint schon die

Am Fuße der Geisler-Spitzen

Am beliebten Adolf-Munkl-Weg   *Fransen-Enzian*

Sonne, doch hier im Schatten des Geisler Massivs wird der Atemhauch sichtbar
und die abgeblühten Gräser tragen dicke
Tautropfen, hie und da liegt Raureif am
Boden. Also gehen wir zügig los.

Zunächst führt der Fahrweg 34 über
eine Brücke, weiter zu einem Schranken,
den wir passieren. Bald darauf zweigt ein
Fußweg links ab und hält sich oberhalb
des Forstweges zur Dusler-Alm. Noch
ein paar 100 Meter sind über knorrige
Wurzeln zu überwinden, links und rechts
stehen Fichten, Lärchen und Kiefern,
darunter samenbehangene Gräser. Der
Rauch eines Holzfeuers kündigt die Alm
an. Die Wiesen hier sind feucht, durch
Kuppen geprägt, mit Enzianen bestanden. Zur Einkehr ist es noch zu früh, nach
der Hütte wenden wir uns zuerst links,
dann gleich rechts hinauf. Unser Ziel sind
Geisler- und Gschnagenhart-Alm auf dem
Weg 36. Der gepflegte Steig legt seine
Serpentinen auf den Rücken des nacheiszeitlichen Felssturzes, durch die nun vorherrschenden Zirbenbestände mit ihren
typischen Flechtenbärten, die sich ab ei-

ner gewissen Höhe im Reizklima besonders wohl fühlen. Ihr kräftiges, sattgrün-
dunkles Nadelkleid umrahmt den hellen
Dolomit. Emsige Eichhörnchen holen sich
die aromatischen Zirbennüsse. Im lichten
Bewuchs gehen wir auf die sporadisch
auftauchenden Geisler zu, schmale Brücken queren Bächlein und Sümpfe, der
sorgfältig angelegte Weg strebt stetig aufwärts zur Geisleralm hin. Im lichter wer-
denden Wald steht nun auch Jungwuchs
zwischen den alten, ausgewachsenen
Zirben mit oft mehrwipfligen Kronen und
knorrigem Geäst. Alsbald liegt die Geisleralm im grellen Sonnenlicht vor uns,
erste Gäste genießen ein Gläschen Wein,
gebannt vom blickfüllenden Panorama.

Rechts das schräg zum Broglessattel ab-
fallende Almgebiet von Raschötz, gleich
daneben die von hier aus unnahbar wirkende Seceda, im Zentrum der Blickfang
Geislergruppe, mit Scharten und Gipfeln,
herausragend Furchetta, Sas Rigais, Mit-
tagsscharte und Gran Fermeda. Hier lie-
ße es sich gut bleiben, doch bevor der
erste Ansturm auf das beliebte Almgebiet

Samenstand der Silberwurz　　　　　　　*Knospen der Schneeheide*

einsetzt, machen wir uns auf den Weg. Erst zur nahe gelegenen Gschnagenhardt-Alm, ruhiger, aber nichtsdestotrotz ein geschätztes Ziel, weiter dann auf dem Adolf-Munkel-Weg mit der Nummer 35.

Das farbenprächtige Bild der blühenden Mähder hat sich in die harmonischen Bernsteintöne des Spätsommers verwandelt und wirkt wunderbar warm. Auf den Matten breiten sich ausgedehnte Kolonien silbriger Blütensterne aus, die alle Blicke auf sich ziehen. Es sind die Körbchen der Silberdistel mit glänzenden Zungenblüten und stacheligem Blattschmuck, die wie Signallichter unsere Aufmerksamkeit auf sich ziehen und die Wiesen schmücken.

Die robusten Spätblüher, die sogar so manchen Frost überdauern, überraschen mit Blütenfülle. Im zarten Kornblumenblau präsentiert sich der Fransenenzian und erinnert mit seinen abstehenden, behaarten Zipfeln an ein Windrad. Zum Anbeißen schön sind die lila Herbstzeitlosen, der letzte Schmuck der Mähder. Beide Pflanzen öffnen wochenlang un-

ermüdlich immer neue Knospen, und mit einem Hauch von Wehmut verabschieden sie den Bergsommer.

Diese klassische Route zu Füßen der Geislergruppe begeistert den Wanderer immer wieder. Ein gewaltiger geologischer Aufschluss liegt wie aufgeblättert da, die unterschiedlichen Schichten streifen 600 Millionen Jahre im Augenblick, von uralten Umwandlungsgesteinen über Zeugen wüstenhafter Vergangenheit in Sandstein, vor allem aber die marinen Ablagerungen, die im grellweißen Dolomit gipfeln. Dass die massiven Gesteine sich letztlich im Gefolge von Eiszeiten der Erosion beugen mussten, ermöglicht uns die Wanderung durch wildromantische Felsstürze und Schutthalden am Fuße von Sas Rigais und Furchetta, in unablässigem Auf und Ab über Steine, Felsen und die Wurzeln der allgegenwärtigen Zirbe.

Ein Pflanzenleben geht mit der Samenausreifung, die sich oft weit in den Winter hineinzieht, zu Ende und es erscheint immer wieder wie ein Wunder,

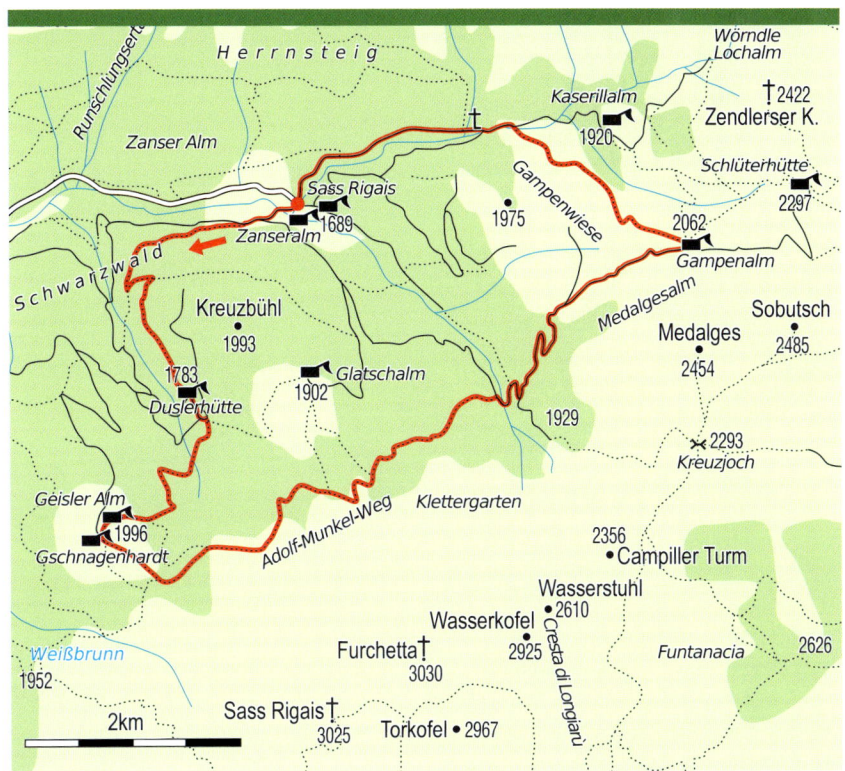

wenn im Frühjahr aus dem noch so kleinen Körnchen die wundervollste Pflanze entsteht. Anders macht es die Schneeheide, die bereits im Herbst ihre Blütenknospen fix und fertig anlegt, um gleich nach der Schneeschmelze aufblühen zu können.

Bei der Kreuzung des Weges, mit Abzweigung zur Glatsch-Alm, bleiben wir geradeaus auf dem Fahrweg 35 Richtung Gampen-Alm, meist in leichtem Anstieg. Eine Einkehr ist verdient.

Bald darauf geht es nun abwärts, über die Gampenwiese, Weg 32/33 hinunter zum Kaserillbach. Von hier über den leicht abfallenden Fahrweg zurück zum Parkplatz bei der Zanser Alm.

START: Parkplatz Zanser Alm (1.680 m)

KURZFASSUNG: Zanser Alm, Dusler-Alm, Geisleralm, Adolf-Munkel-Weg, Gampen-Alm, Zanser Alm

HÖCHSTE WEGSTELLE: Gampen-Alm (2.062 m)

HÖHENUNTERSCHIED: 400 m

REINE GEHZEIT: 6 Stunden

SCHWIERIGKEIT: ❀ ❀

TOURISMUS-INFO: 0039/472/840 180

TIPP: Bummel durch das romantische Städtchen Klausen und Kloster Säben

Im zeitigen Frühjahr ist diese Wanderung wegen der großen Vorkommen an Krokussen und Soldanellen auch sehr zu empfehlen

Durch Blütenträume
ins Blaue hinein

32

Schwalbenwurz-Enzian

Herbstenzian, Hirschbrunft-Enzian
Gentiana asclepiadea
Familie: Enziangewächse
(Gentianaceae)

Gegen Ende des Sommers, wenn die meisten anderen Pflanzen schon verblüht sind, strahlt uns aus lichten Bergmischwäldern und Schlägen, Hochstaudenfluren und beidseitig von Forststraßen, auf kalkhaltigen Böden, das leuchtende Blau von Enzianblüten entgegen.

Die bis zu einem Meter langen, schlanken Stängel bilden ganze Horste. Überhängend durch die Last der Blüten sind sie mit vier bis acht Zentimeter langen, oval zugespitzten Blättern besetzt, die kreuzgegenständig angeordnet sind. In den Achseln der oberen Blätter sitzen bis zu drei der typischen, glockig-trichterförmigen Blüten, die drei bis fünf Zentimeter lang werden können und sich durch ihre tief azurblaue Farbe einmalig vom grünen Rundherum abheben. Ihre Krone besteht aus einer glockigen Röhre und fünf kurzen Zipfeln, die außen tiefblau, innen rot-violett punktiert mit hellblauen Längsstreifen sind. Die Blüten schließen sich bei trübem Himmel und Einbruch der Dämmerung. Völlig geöffnet sind sie nur bei hellem Sonnenschein in der Blütezeit von August bis Oktober. In dieser Zeit erfreut der Schwalbenwurz-Enzian den Wanderer sowohl im Tal als auch in

Schwalbenwurz-Enzian

Höhen von bis zu 2.200 Metern, und setzt einen leuchtenden Schlusspunkt in die Blütenpracht des Bergsommers.

Wegen seiner späten Blütezeit ist er auf Selbstbestäubung angewiesen. Der Herbstblüher zählt zu den bedrohten Pflanzenarten und steht deshalb unter Schutz.

Mit einem Schlag ist es kalt geworden. Die ersten und letzten Sonnenstrahlen schenken ein magisches Licht, aber keine Wärme mehr, und die Nachtfröste trennen scharf die Nebel von der kalten Luft. Die Farben werden sanfter, das Licht gedämpfter. Mannshohe Gräser in warmen Savannetönen fangen die milde Sonne ein, und flauschige Ähren schwingen wie Wölkchen. Weiß angezuckerte Bergspitzen lassen unsere Gedanken vorauseilen und geben der Landschaft ein neues Kleid. Die Tiere rüsten sich, sie füllen ihre Speicher mit Nahrung, und ein warmes Plätzchen als Unterschlupf zum Überwintern wird angelegt.

Von den Sträuchern der Hagebutten am Wegrand hängen rund- oder flaschenförmige Früchte mit intensiv orangeroter Färbung. Auf Hochglanz poliert, stechen sie ins Auge und wirken gegen den blauen Himmel wie ein Farbwunder.

Genau das ist der Zeitpunkt für unser Rendezvous mit dem **Schwalbenwurz-Enzian**. Lauschen wir seinem Blütengeflüster im Hochwald, bestaunen wir die üppige Blütenpracht seiner blauen Kelche, die sich gesellig aneinander schmiegen und so tun, als ob noch Sommer wäre.

Bergsegen und Unglück am Latemar

Die Arbeit in den Knappenlöchern war schwer und gefährlich. Doch die Kraft der Knochen brach das Gestein, wenn auch mit etwas Nachhilfe des alten, erfahrenen Bergmeisters. Glühende Kohlen erhitzten das Gestein, bis es rot leuchtete, eiskaltes Wasser schreckte es ab, die Struktur war erschüttert, die Gesteins- und Erzbrocken ergaben sich den wuchtigen Schlägen mit dem schweren Schlägel. Auch Holzpflöcke, in Ritzen getrieben, oder in mühselig geschaffene Bohrlöcher, geduldig mit Wasser begossen, bis sie aufquollen, sprengten Felsen, die roher Gewalt nicht wichen.

Immer tiefer drang der Stollen in den Berg ein. In Ledersäcken wurde das zerkleinerte Gestein hinausgeschleppt. Durch

Korallenrot gefärbte Ebereschen schmücken den Rosengarten

Herbstliche Gräser

Gelber Eisenhut

die schmalen, engen Gänge, oft durch lehmige Pfützen, kroch der Bergmann, die Haare staubig verknotet, das Gesicht fahl, in den Augen der ungezügelte Glanz, der die Gier nach Erfolg widerspiegelte.

Die Halde mit abgeräumtem Gestein wuchs, von weiter unten kroch, wie eine Schlange, der dünne Rauch aus den Kohlemeilern. Holz für die Kohleherstellung gab es ja hier schon immer genug.

Durch den Berg klang leise das Pochen von Hämmern. Auch andere waren am Werk, um zur vermuteten Erzader vorzudringen. Das einzige Gesetz, das hier heroben galt, war das des Geschwinderen. Zurück zum Schlagen und Klopfen, Zerbrechen und Zerkleinern. Der Arm wurde schwer, der Atem presste sich zischend, fast röchelnd durch die schmalen, verkniffenen Lippen. Schweiß durchfurchte die schmutzige Stirn, brannte in den müden, geröteten Augen. Doch da änderte sich der Klang vom Hammer auf Gestein. Der grelle Widerhall wurde dumpfer, die Brocken waren geädert mit dunklen Ausläufern, das war die Ader, und er hatte sie erreicht. Das Erz war gefunden, und die folgende Verhüttung brachte den ersehnten Reichtum.

Nicht er selbst schuftete nun in dem tief im Berg liegenden Loch, die unten im Dorf drängten sich geradezu, gegen einen Hungerlohn im Dunkel die Rücken zu krümmen. Vergessen war die Qual der Nässe und Kälte, die zerquetschte Zehe, die unzähligen Narben und Schrunden. Als eine Steinplatte im Stollen vier Knappen erschlug und begrub, kam ein lang verdrängter Gedanke von Angst und Schrecken kurz auf. Der rote Wein aus dem Etschtal spülte ihn rasch weg, Abwechslung brachten die Kumpane, die drallen Kellnerinnen, das Kegelspiel mit goldener Kugel, Zeichen des Hochmutes, der zu Fall kommen musste.

Tags darauf rüttelte kurz die Erde, der mürbe Stein der Latemar Spitzen stürzte in lautem Getöse zu Tal. Tonnen von Stein bedeckten die Quelle des Reichtums für immer.

Der Name Erzlahn erinnert noch heute daran.

Mit blauer Blütenfülle verabschiedet sich der Sommer vom Latemar
(Nahbereich Naturpark Schlern-Rosengarten)

Anfahrt auf der Brennerautobahn A22 bis Bozen Nord, ins Eggental Richtung Obereggen, in Stenk links halten bis Ortsteil

Giftige Beeren des Seidelbast *Weidenröschen*

Hennewinkl, abbiegen zum Bewallerhof, Parkplatz circa 100 Meter vor dem Hof.

Gleich vor dem Bewallerhof zweigt rechts ein Fußweg quer zum Hang ansteigend ab. Vorerst als Nr. 9, oberhalb des Hofes, bei der seit Jahrzehnten dem Wetter trotzenden Lärche rechts hinauf, nun auf Weg 21 zum Mitterleger. Am Wirtschaftsweg über die abgemähten Wiesen erfreuen die blass-lila Herbstzeitlosen als Botinnen der kühleren Jahreszeit. Nach wenigen Minuten erwartet uns der üppig begrünte Hochwald mit reizvollen Licht- und Schatteneffekten. In der Sonne leuchten goldschimmernde, ausgeblühte, meterhohe Gräser, denen der Morgentau einen Glitzereffekt verleiht. Im Halbschatten verzieren die letzten intensiv leuchtenden Blüten des Blauen Eisenhutes und die schwefelfarbenen des Gelben Eisenhutes Wegböschungen und Kahlschläge. Die Weidenröschen in fröhlichen Rosatönen hellen auf, und in den verästelten Sträuchern klettert die Clematis, die im Sommer mit ihren violett-blauen Blüten begeistert und jetzt im Herbst durch wollige Schöpfe auffällt. Schlicht und schnörkellos in konkurrenzloser Eleganz begleitet der Schwalbenwurz-

Enzian mit unzähligen tiefblauen Glockenblüten, als Star der Herbstblüher, auf weiten Strecken der Wanderung. Durch schütteren Fichtenmischwald steigt der Weg angenehm an, bei der Abzweigung von Weg 14 halten wir uns rechts und folgen weiter Weg 21, der nun schmal als Fußweg den Hang quert. Tiefer im Forst stechen die Signallichter der Pilze in Gelb, Braun und Rot ins Auge, doch all diese lebendigen Farben kommen im Wald zur Ruhe.

Der Fußweg geht bald in einen neuen Wirtschaftsweg über, die Leitmarkierung in Rot-Weiß-Rot weist immer wieder zum Mitterleger. Über das uralte Bergsturzgelände vom Bewallerkopf und der Knappenstube schlendern wir in leichtem Auf und Ab durch Wirtschaftswald, dann wieder Lichtungen und teilweise auch Wiesen. Kaum stehen auch nur etwas Licht und Sonne zur Verfügung, stellt sich schon der Schwalbenwurz-Enzian ein, oft in dichten Büscheln, manchmal einzeln. In den Kahlschlägen hat sich die Vogelbeere (Eberesche) mit ihren orangerot leuchtenden Fruchtdolden angesiedelt. Verführerisch leuchtet das Knallrot der ausgereiften, giftigen Früch-

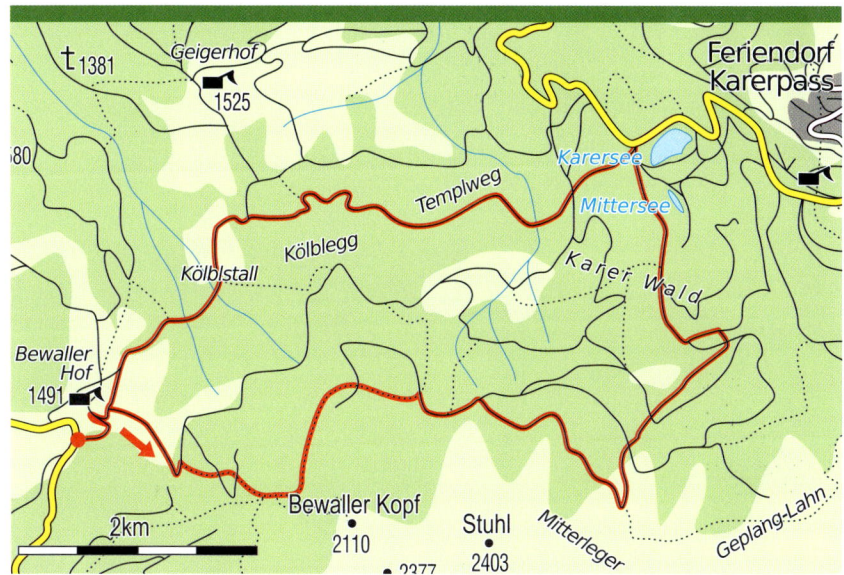

te des Seidelbastes, der im Bergfrühling mit seinem ungewöhnlich starken Duft verwöhnt. Vitaminreiche Köstlichkeiten für die Naschkatzen unter uns liefern die süßen Früchte von Erdbeere, Himbeere, Heidelbeere und Preiselbeere entlang der Wegränder.

Der Mitterleger wird erreicht, ein mächtiger Felsbrocken bewacht die Wegkreuzung. Hinauf ginge es zum Labyrinth, von unserer Frühsommerwanderung bekannt. Wir gehen etwa 70 Meter abwärts zum Wegweiser, der uns unter der Nr. 11 in einer knappen Stunde zum Karersee führt. Die Felsen, die oben das fesselnde Labyrinth schaffen, stehen hier nur noch vereinzelt im Gelände des Murschuttkegels. Beim weiteren Abstieg spendet der gepflegte Landeswald Schatten. Er ist einer der wenigen forstwirtschaftlich intensiv genutzten Forste der Provinz Südtirol. Bald funkelt der azurblaue Spiegel des

START: Bewallerhof (1.491 m)

KURZFASSUNG: Bewallerhof, Mitterleger, Karersee, Bewallerhof

HÖCHSTE WEGSTELLE: Mitterleger (1.818 m)

HÖHENUNTERSCHIED: 300 m

REINE GEHZEIT: 3 Stunden

SCHWIERIGKEIT: ❀ ❀

TOURISMUS-INFO: 0039/471/610310

TIPP: Abstecher zum Karersee

sagenumwobenen Karersees. Ein kurzer Abstecher lohnt sich, dann bleiben der See, das bunte Treiben und auch der Verkehr zurück. Weg 8, auch „Tempelweg" genannt, beschließt die Runde ohne größere Steigung, und immer wieder begleiten die blauen Leitblüten des Schwalbenwurz-Enzians. Nach einem gemütlichen Dahinwandern wird der Bewallerhof und bald darauf der Parkplatz erreicht.

In zarten Rosatönen verabschieden sie den Sommer

33

Herbstzeitlose

Colchicum autumnale
Familie: Zeitlosengewächse
(Colchicaceae)

Auf der Schwelle zwischen Sommer und Herbst, von Ende August bis in den Oktober hinein, schmücken die Herbstzeitlosen mit ihren blassrosa bis hellvioletten Blütenblättern auf weißem Hals noch einmal die feuchten, nährstoffreichen Wiesen. Außerhalb dieser Zeit – deshalb der Name Herbstzeitlose – entspringen die trichterförmigen Blüten der Zwiebelknolle. Sie öffnen sich frühmorgens bei Sonnenschein, um sich bei Schlechtwetter und am Abend wieder zu schließen. Manchmal genügt schon eine dunkle Wolke, die über den Himmel zieht, um diese Bewegung auszulösen.

Herbstzeitlose

Während der Blütezeit suchen wir vergeblich nach den länglichen, lanzettförmigen Laubblättern. Sie erscheinen zeitig im Frühjahr, mit ihnen wird die eiförmige Kapselfrucht aus der Knolle über die Erde geschoben und bereits im Sommer kommen die kleinen, klebrigen Samen zur Reife, um vom Wind oder den Ameisen verstreut zu werden. Die ausdauernde, krautige Pflanze wird bis zu 30 Zentimeter hoch, steigt auf Almböden bis 1.400 Meter und ist weit verbreitet.

Alle Teile der Herbstzeitlosen sind stark giftig, besonders konzentriert kommt das gefährliche Colchicin in der Knolle und in den Samen vor. Früher wurde die Droge zu Heilzwecken, aber auch für Giftmorde verwendet.

In der Walpurgisnacht wurde das Kraut der Herbstzeitlosen von den Hexen geschnitten, um den „Einmalsalat" zuzubereiten, dessen Genuss für Mensch und Tier zum Tode führte.

Erfolgreich wird das Homöopathikum Colchium als Gichtmittel, bei Magen- und Darmerkrankungen, Kitzelhusten und bei Herz- und Kreislaufstörungen eingesetzt.

In der griechischen Sage gilt die zauberkundige Medea, Hüterin der Herbstzeitlosen, als Urbild der Hexe und Giftmischerin. In Kolchis am Schwarzen Meer, daher der Gattungsname Colchicum, legte sie ihren legendären Kräutergarten an.

Ab Mitte September feiert die Natur eines ihrer schönsten Feste. Der Herbst zieht ein. Ahorn, Lerchen, Buchen, Kirschen und Pappeln bringen die Landschaftskulisse prachtvoll zum Leuchten. Schillernde Kupfer- und Orangetöne, dann wieder grelles Gelb und flammendes Rot versprühen Glanz und Wärme. Zum Saisonende sind es vor allem die Blätter, die noch einmal so richtig auftrumpfen und uns einladen, ins Freie zu gehen, bevor die grauen Tage kommen.

Während im Sommer die Stimmung der Mähder laut, bunt und fröhlich war, werden im Herbst die Farbtupfer deutlich sparsamer und eine leichte Melancholie breitet sich aus. Umso mehr freut es uns, über fliederfarbene, in morgendliche Nebelfelder gehüllte Weideflächen zu wandern – für mich eines der schönsten Naturschauspiele im Herbst.

Lech der Valaciawiesen

Die filigranen **Herbstzeitlosen** entfalten ihren Zauber in allen Lilaschattierungen. Ihre zarten Blütenköpfe sind nach kräftigen Winden und Regengüssen manchmal zerzaust, dann wieder erleben wir sie wie frisch geboren. Ihre innere Uhr geht in die andere Richtung als bei allen anderen Pflanzen und löst dadurch so manche Verwirrung aus. Die Kapseln der Herbstzeitlosen erscheinen vor den Blüten, deshalb nannte man sie früher „der Sohn vor dem Vater".

Der Stegena Morscht

Das Wirtschaftsjahr der Bauern geht dem Ende zu. Die Ernte ist eingebracht und das Almvieh steht wieder in den heimatlichen Ställen. Das Leben wird langsam etwas ruhiger, doch Vorsorge für den langen Winter ist angebracht.

Herbstzeitlosen als letzter Schmuck der Wiesen

So war es vor Jahrhunderten, und ein Teil der alten Ordnung hat sich bis heute erhalten.

Wohl war ein großer Teil der Bevölkerung imstande, sich weitgehend selbst zu versorgen, doch so manches musste man einfach kaufen. Geschäfte in unserem Sinne gab es wenig, und schon gar nicht draußen auf dem Land. Wochenmärkte fand man in größeren Ortschaften, eben Märkten, und in Städten. Doch wer konnte schon etwa aus dem entlegenen Ahrntal nach Belieben zum Markt in Bruneck reisen? Etwas anderes waren da schon Jahrmärkte, und diese besonders im Spätherbst. Als Termin diente das Fest der Apostel Simon und Judas am 28. Oktober.

Der Standort dürfte wohl auf einen alten Gerichtsplatz zurückgehen. Markt und Recht scheinen sich also zu vertragen, wie auch der auferlegte Marktfrieden bestätigt, der alle Marktbesucher über mehrere Tage vor allerlei Widerrechtlichkeiten schützen sollte.

So strömte also Ende Oktober jeder, der es schaffte, zum mehrtägigen Marktfest in Stegen bei Bruneck. Bauern trieben ihr gutgemästetes Vieh aus dem ganzen Pustertal und seinen Seitentälern herbei, das verdiente Geld wurde zu einem Teil gleich wieder umgesetzt. Salz aus den Salinen in Hall, Kessel und Töpfe, Stoffe für Arbeits- und Festbekleidung, Bänder und Hüte, Toggeln und Knoschpn, und wenn noch etwas Geld übrig blieb, ein Stück vom Zuckerhut.

Doch auch das Vergnügen durfte nicht zu kurz kommen. Schließlich sollte nach alter Volksmeinung nur der gut über den Winter kommen, der den Stegener Markt besucht hatte.

Wir lassen uns gerne dazu bekehren und genießen den berühmtesten Markt in ganz Tirol, der die unterschiedlichsten Besucher und Händler von nah und fern vereint. Am ersten Tag dominieren oft die Österreicher, die ihren Staatsfeiertag nutzen, am zweiten wird mit Vieh gehandelt, was das Zeug hält, am dritten schließlich gibt es den sogenannten Feiertags- oder Menschenmarkt.

Schon nach den ersten Schritten locken verführerische Düfte, eine wahre Komposition von gebackenen Strauben, Bratwürsten, Kirchtagskrapfen, Tirteln, Brathühnern oder Schweinshaxen. Dazu locken geröstete Keschtn und Mandeln, frische Trauben oder das süße Nichts, die Zuckerwatte. Ein Plastikbecher von Südtiroler Rötl rundet das Festmenü gelungen ab.

Gestärkt bewegen wir uns durch den Mahlstrom von friedlichen Besuchern und fühlen uns in eine eigene, zauberhafte Welt versetzt.

Gegen Ende des Marktes stoßen wir auf die landwirtschaftliche Abteilung. Maschinen und Kleinvieh, Rinder und Pferde dominieren. Der Jungbauer mit

Samenstand der Engelwurz

Preiselbeeren

dem Esel, in modisch verfremdeter Tracht, kommt nur zur Gaudi und auf ein paar Glaserln. Zu Hause ist er oben auf der Sonnenterrasse hoch über Bruneck und sagt, er sei nur kurz auf Urlaub aus dem Paradies.

Zeitlose Schönheiten auf den Mähdern
(Naturpark Fanes-Sennes-Prags)

Anfahrt durch das Pustertal, Abzweigung Gadertal bis Abtei/Badia, im Ortszentrum links abbiegen Richtung Kirche, durch den Ortsteil St. Leonhard nach Valgiarei, Parkplatz beim Weiler.

Valgiarei ist eine typisch ladinische Kleinsiedlung mit nur wenigen Häusern und einer Kapelle. Die Fahrstraße nach rechts führt weiter als Pilger- und Prozessionsweg zum Heiligkreuz, der teils Fahrweg, teils Wiesenweg links ist eine interessante Variante hinauf zu den Armentarawiesen. Der Weg ist anfangs eher steil, nicht markiert, doch kaum zu verfehlen, und von Touristen bisher noch nicht entdeckt. Das Gelände ist sanft hügelig, im Sommer wurde hier gemäht, das Heu

wird traditionell in den braungebrannten Stadeln für den Abtransport im Winter aufbewahrt.

Dem Anstieg folgt nach einer halben Stunde die erste Verebnung. In den verwitterungsanfälligen, weichen Wengener und Kassianer Schichten staut Wasser, bringt den Boden zum Fließen, schafft moorige Kleinformen und Lacken, ja sogar einen kleinen, verzauberten See wie aus einer romantischeren Zeit. Rechts hat sich der Rü de Piz (= ladinisch Bach vom Berg) tief eingeschnitten, ein richtiger Bach vom Berg. Wo im Frühsommer bunte und farbenprächtige Blütenvielfalt staunen machte, lassen uns nun die blasslila Herbstzeitlosen auf den matten Wiesen innehalten. Die dunkelgrünen Blätter haben es vor einem halben Jahr angekündigt, jetzt stehen die letzten Blüten des Herbstes vor uns, zart, vermeintlich unschuldig , in Wahrheit hochgiftig und den Nachtfrösten trotzend. Der Weg zieht nun über die Hänge der Pre Comun (also Gemeindewiesen) bis hinauf zu den Armentarawiesen, einem der reichsten Vorkommen von Herbstzeitlosen in den Dolomiten.

Blätter der Herbstzeitlose im Frühling

Vom Heiligkreuzkofel blitzt weiß der erste Schnee, ebenso gegenüber der Gipfel der Puez-Gruppe und draußen auf den Türmen und Stöcken der Sella. Die Nachmittagssonne wärmt noch angenehm auf der Terrasse der Ranch de Andre, dann ist es Zeit für den Rückweg zum Parkplatz.

START: Valgiarei (1.593 m)

KURZFASSUNG: Parkplatz Valgiarei, Armentarawiesen und zurück

HÖCHSTE WEGSTELLE: Rabenbühel (1.500 m)

HÖHENUNTERSCHIED: 1.800 bis 1.900 m

REINE GEHZEIT: 2 bis 3 Stunden

SCHWIERIGKEIT: ❀

TOURISMUS-INFO: 471/836176

TIPP: Im Frühjahr und Sommer auf die typischen Blätter achten, auf vielen der Mähder, die wir besuchen, blühen im Herbst die Herbstzeitlosen

Eisblumen bzw. Mistel

Mistel

Hexennest

Viscum Album L.
Familie: Mistelgewächse
(Loranthaceae)

Wenn im Winter die Äste kahl sind, dann erkennt man die Misteln als rundliche Nester auf den Bäumen. Als Halbschmarotzer besiedelt sie weiche Nadel- und Laubgehölze, bevorzugt Tanne, Schwarzpappel, Weide, Birke, Linde, Ahorn und Obstbäume. Mit ihrer Saugwurzel dringt sie in die Rinde des Gastgebers ein und verzweigt sich jährlich um etwa zwei Zentimeter. Der stark verästelte, immergrüne Mistelstrauch, dessen gegliederte Äste sehr zerbrechlich sind, trägt ledrige, satt- bis gelblich-grüne, lanzettliche Blätter. Im Frühling erscheinen ihre gelblichen, eher unscheinbaren, aber duftenden Blüten in den Verästelungen in Büscheln und werden von Insekten bestäubt. Bis zum Dezember reifen dann die weiß durchscheinenden, kugeligen Beeren heran, die wie Blüten wirken und sie besonders attraktiv machen. Jede einzelne trägt ein einziges Samenkorn. Die Früchte werden von den Waldvögeln, hauptsächlich der Misteldrossel und Amsel, verschleppt und zu einem neuen Wirt gebracht. Zerdrückt man eine Beere zwischen den Fingern, merkt man, wie groß ihre Klebkraft ist. Deshalb ist es auch ganz unvermeidlich, dass die Samen an den Schnäbeln der Vögel hängen

Mistel

bleiben und dadurch ihre Verbreitung finden. Die Mistel gilt als ein jahrhundertealtes Kultobjekt, und auch in der Medizin schätzt man ihre Wirkung. Pfarrer Kneipp setzte sie bei Frauenleiden und Kreislaufstörungen ein, heute noch werden Blätter und Zweige als Tee gegen leichte Herzstörungen empfohlen, auch das Homöopathikum wird verschiedentlich verwendet, und sogar zur zusätzlichen Krebstherapie finden Mistelpräparate großen Anklang.

Manche Pflanzen bleiben trotz klirrender Kälte immer grün. Sie galten früher als heilig und heute sind sie beliebt als Weihnachtsschmuck. Auf unserem Spaziergang richtet sich diesmal der Blick nach oben zu den grünen Nestern der **Mistel** mit den weißen Beeren, die mit dem Baum ein Team bildet und einen Hauch von Mystik versprüht. Sie gilt als Symbol für Versöhnung und Frieden. Wohl jeder kennt den Brauch, sich unter dem Mistelstrauch der Eingangstüre zu küssen. Glück soll es bringen! Doch unter freiem Himmel funktioniert das auch ganz gut, haben wir festgestellt!

Die immergrüne Stechpalme erfreut mit ihrem dornig gezähnten, dunkelgrün glänzenden Blattwerk und schmückt sich mit kleinen, korallenroten Beeren. Je südlicher man kommt, desto häufiger wächst sie sogar zum kleinen Bäumchen heran, während sie in Nordtirol meist nur buschartig vorkommt.

Sehr dekorativ wirkt der immergrüne Efeu, und dem reizenden Gedicht von Bischof Mant ist nichts zuzufügen.

Beständig kriecht es durch den Wald
Mit langen, grünen Trieben.
An jedem Baume macht es halt,
An manchem ist's geblieben.
Bis hoch hinauf zum Wipfel fast
Mit ungezählten Sprossen
Hat es den Stamm und jeden Ast
Ins grüne Netz geschlossen.
Der Efeu ist's! Sein Laub so blank
Zeigt vielerlei Gestalten.
Erst spät im Jahr wird sein Gerank
Den Blütenschmuck entfalten.
Die Blüten grün und unscheinbar
Und bläulich schwarz die Beeren -
Vor Hunger wird die Vogelschar
Im Winter sie begehren.
Im Winter, wenn gespenstisch kahl
Die Ulmen, Eichen, Linden,
Dann kann das Aug' in Berg und Tal
Noch grünen Efeu finden.

Winterstimmung am Rosengarten

Stechpalme

Efeu

Kalt ist die Luft und der Himmel eisblau am Morgen. Der Boden ist hart gefroren und knirscht unter unseren Füßen. Die Bäume tragen ein Kleid aus Raureif und ihre kahlen Äste ragen weiß umhüllt in den Himmel. Der Frost zaubert Eisblumen, vergängliche Gebilde in bizarrer Schönheit und Zerbrechlichkeit, an die Fensterscheiben. Feinster Pulverschnee und funkelnde Schneekristalle erfreuen unsere Seele. Es funkelt, blinkt und strahlt, und die Sonne veredelt die Dolomiten.

Der Winter hat seine weiße Decke über die Landschaft gebreitet und, darunter schützend eingebettet, schlafen tausende Blümchen einen tiefen Schlaf. Sie warten geduldig, bis sie von der Frühlingssonne wieder geweckt werden, um den Blütenreigen von Neuem zu beginnen.

„Wandert zu den farbenfrohen Geschöpfen auf den Matten der bleichen Berge und lasst Eure Seele von den Blumengesichtern verzaubern!"